鼎湖山野生植物

WILD PLANTS IN DINGHUSHAN

黄忠良　宋柱秋　吴林芳　叶华谷　欧阳学军　王瑞江　主编

SPM 南方出版传媒

广东科技出版社 | 全国优秀出版社

·广州·

图书在版编目（CIP）数据

鼎湖山野生植物 / 黄忠良等主编. —广州：广东科技出版社，2019.9
ISBN 978-7-5359-7250-7

Ⅰ．①鼎…　Ⅱ．①黄…　Ⅲ．①鼎湖山—野生植物—介绍　Ⅳ．① Q948.526

中国版本图书馆 CIP 数据核字（2019）第 180185 号

出　版　人：朱文清
责任编辑：罗孝政　尉义明
封面设计：柳国雄
责任校对：梁小帆
责任印制：彭海波
出版发行：广东科技出版社
　　　　　（广州市环市东路水荫路 11 号　邮政编码：510075）
销售热线：020-37592148 / 37607413
http://www.gdstp.com.cn
E-mail：gdkjzbb@gdstp.com.cn（编务室）
经　　销：广东新华发行集团股份有限公司
印　　刷：广州市岭美文化科技有限公司
　　　　　（广州市荔湾区花地大道南海南工商贸易区 A 幢　邮政编码：510385）
规　　格：889 mm×1 194 mm　1/16　印张 23.25　字数 450 千
版　　次：2019 年 9 月第 1 版
　　　　　2019 年 9 月第 1 次印刷
定　　价：298.00 元

如发现因印装质量问题影响阅读，请与广东科技出版社印制室联系调换（电话：020-37607272）。

本书得到以下研究项目的资助
Financially Supported by

中国科学院科技服务网络计划项目

中国植物园联盟建设（Ⅱ期）：本土植物全覆盖保护计划（KFJ-3W-No.1）

国家自然科学基金项目

野猪和白鹇活动对南亚热带常绿阔叶林群落更新的影响（31570527）

广东省林业厅项目

2014 年野生动植物保护管理及湿地保护专项资金

2015 年野生动植物保护管理及湿地保护专项资金

科技部财政部国家科技基础资源共享服务平台

国家重要野生植物种质资源共享服务平台

内容简介

　　本书收集了鼎湖山国家级自然保护区范围内的常见野生植物共 178 科 707 属 1 320 种（包括种下等级），对每一种植物均提供了简要识别特征、彩色照片及多度等级，可为从事植物资源调查、保护和管理的人员提供本区域植物多样性基础信息，也可为普通民众和大中小学生了解本地区植物状况提供参考。

Summary

　　A total of 1 320 species（including infraspecific ranks）, belonging to 178 families and 707 genera, are photographed from Dinghushan National Nautre Reserve, with the description of their brief characters and abundance. The book can not only be a good field guidance for plant diverstiy conservation but also a popular reading material for the public.

前　言

　　鼎湖山国家级自然保护区建立于 1956 年，是我国第一个自然保护区，也是唯一隶属中国科学院的自然保护区，主要保护对象为南亚热带地带性森林植被类型及其野生生物物种。1980 年，鼎湖山国家级自然保护区成为我国首批加入联合国教科文组织"人与生物圈（MAB）"计划的世界生物圈保护区，成为人与生物圈研究的国际基地。

　　鼎湖山国家级自然保护区位于广东省肇庆市境内，地处 112°30′39″~112°33′41″ E、23°09′21″~23°11′30″ N，总面积为 1 133 hm²。因受副热带高气压的控制，地球上与鼎湖山同纬度的大部分陆地区域为沙漠、半沙漠或干旱草原，故被称为北回归沙漠带。相对于全球同纬度带上森林的稀缺，鼎湖山因保存有最古老的地带性森林植被——南亚热带常绿阔叶林及其过渡植被类型，而被誉为北回归沙漠带上的"绿色明珠"。

　　鼎湖山国家级自然保护区为南亚热带季风气候，年均降水量 1 950 mm，主要土壤类型为赤红壤和山地黄壤，海拔 14.1~1 000.3 m。良好的气候及复杂的地理环境使得鼎湖山国家级自然保护区蕴藏着丰富的生物多样性。保护区内有维管植物 2 291 种（包括变种、亚种和变型，下同），其中野生植物有 1 778 种，栽培植物有 513 种，包含国家重点保护野生植物 47 种、鼎湖山特有植物 11 种，以鼎湖山为模式标本产地的植物名有 60 个，植物总数约占广东植物种数的 1/4，素有"活的自然博物馆"和"物种宝库"之称。

　　为了给科研工作者在鼎湖山开展野外调查时提供基本的植物识别信息，为植物资源保护的管理部门人员提供重要的基础资料，为植物爱好者和普通群众普及本土植物提供重要参考，我们在前人长期调查成果的基础上编著了这本彩色图谱。书中每个种均提供了主要识别特征描述，并配有能反映植物主要特征的照片。另根据其种群数量多少及分布区域的大小，确定了其为常见、较常见、较少见和少见等 4 个等级，对国家重点保护野生植物及其保护等级进行了标注。

　　本书所收集的植物种类包括鼎湖山国家级自然保护区范围内的本土野生和栽培逸生的维管植物，共 178 科 707 属 1 320 种，其中蕨类植物 28 科 62 属 119 种，裸子植物 3 科 3 属 4 种，被子植物 147 科 642 属 1 197 种。植物的系统排列顺序及定名规范均根据最新的植物分子系统学的研究成果，即石松类与蕨类植物依据 PPG I 系统（张丽兵，2017），其他均参考了《广东维管植物多样性编目》（王瑞江，2017）。以前较为常用但现为异名的学名放在"[ ]"中并排在接受名的后面，以方便对比使用。

　　感谢各级领导和社会各界人士长期对鼎湖山国家级自然保护区的建立、建设和发展的关心和支持，感谢各位专家、学者及科技工作者对鼎湖山科研工作的贡献，所有

这些帮助才使得鼎湖山国家级自然保护区在全国自然保护区中起到了重要的示范和引领作用。

由于编者水平有限，书中难免出现错误和不妥之处，恳请读者批评指正。

编　者

2019 年 2 月

Preface

The Dinghushan National Nature Reserve（DHSNNR）was founded in 1956, which is the first nature reserve in China and the only one affiliated to the Chinese Academy of Sciences. The main protective object includes the geographical zonal vegetation in the southern subtropical areas and its wild species. In 1980, the DHSNNR joined the UNESCO-MAB Biosphere Reserve Network and became an international research base.

The DHSNNR is located in Zhaoqing city, Guangdong Province, China and has a total area of 1 133 hm^2（112°30′39″~112°33′41″E and 23°09′21″~23°11′30″N）. Generally, the geographic zone that the Tropic of Cancer passes through is mostly covered by deserts, semideserts, or arid grasslands globally, but in DHSNNR the southern subtropical monsoon evergreen broadleaved forests and other vegetation distributed dominantly because of the unique moist climate condition.

In DHSNNR, the annual average precipitation is 1 950 mm, the soil consists mainly of lateritic red-earth and yellow-earth and the altitude ranges from 14.1 to 1 000.3 m. Totally 2 291 vascular plant species（subspecies, varieties or forms, the same below）were recorded, including 1 778 wild species and 513 cultivated species. Among them, 47 species are listed as the national key protected plants, 11 species are endemic, and 60 species were typified here too.

This book was compiled on the basis of the previous long-term survey. A brief description, colorful photograph, and abundance were provided for each species. The national key protected wild plants and their protection levels are also indicated. This book may be not only a useful tool for researchers to identify plants in the field, but provide the basic biodiversity information for the official managers. It is also a reference for people to understand the plant world.

Totally 1 320 vascular plants, belonging to 707 genera and 178 families, were included and listed according to the classification systems of PPG I for lycophytes and ferns for gymnosperms. Of which, 119 species belonging to 28 families and 62 genera are lycophytes and ferns; 4 species belonging to 3 families and 3 genera are gymnosperms; and 1 197 species belonging to 147 families and 642 genera are angiosperms. Some synonyms that were commonly applied previously are now placed in "[ ]" behind the accepted name for reference.

We are grateful to the peoples who have been concerning and supporting the construction and development of the DHSNNR since 1956. Many thanks to the experts and scholars who have been doing their scientific research work in DHSNNR. It is they who push the DHSNNR on an important and special position in China. We also would like to thank Mr. Li Zexian from South China Botanical Garden for reviewing the book.

Editors

February 2019

目 录

一、石松类和蕨类 Lycophytes and Ferns

一、石松类和蕨类 Lycophytes and Ferns

（一）石松类 Lycophytes

P1 石松科 Lycopodiaceae

蛇足石杉

Huperzia serrata（Thunb.）Trevis.

直立小草本，叶缘有锯齿。分布于鸡笼山。少见。

藤石松

Lycopodiastrum casuarinoides（Spring）Holub ex R. D. Dixit

藤本，长达 10 m。生于向阳处。较常见。

垂穗石松

Lycopodium cernuum L.

地上分枝密集呈树状。较常见。

马尾杉

Phlegmariurus phlegmaria（L.）Holub

枝连叶大于 10 mm，叶二型，不育叶基部心形。常见。

1

P2 卷柏科 Selaginellaceae

薄叶卷柏

Selaginella delicatula（Desv. ex Poir.）Alston

能育叶一型，主茎斜升，枝光滑，茎生叶两侧不对称，中叶全缘。生于阴湿处。少见。

疏松卷柏

Selaginella effusa Alston

能育叶一型，主茎直立，枝被毛，叶边缘具细锯齿，中叶基部近心形或楔形。生于阴湿处。较常见。

深绿卷柏

Selaginella doederleinii Hieron.

能育叶一型，主茎斜升，枝光滑，茎生叶两侧不对称，侧叶上面光滑。生于阴湿处。较常见。

细叶卷柏

Selaginella labordei Hieron. ex Christ

能育叶二型，植株较小，茎连叶小于 5 mm，侧叶边缘具细锯齿，中叶基部心形。生于阴湿处。较常见。

（二）蕨类 Ferns

江南卷柏

Selaginella moellendorffii Hieron.

能育叶一型，主茎斜升，枝光滑，茎生叶两侧对称，茎下部叶彼此疏离，中叶具小齿。少见。

P3 木贼科 Equisetaceae

节节草

Equisetum ramosissimum Desf.

主枝鞘筒较长，长比主枝宽大。分布于鸡笼山。少见。

翠云草

Selaginella uncinata（Desv. ex Poir.）Spring

匍匐草本，呈翠绿色。分布于庆云寺旁。较少见。

笔管草

Equisetum ramosissimum subsp. **debile**（Roxb. ex Vaucher）Hauke

主枝鞘筒短，长宽近相等。生于阴湿处。较常见。

P4 瓶尔小草科 Ophioglossaceae

七指蕨

Helminthostachys zeylanica（L.）Hook.

叶片顶端生能育叶，孢子囊穗圆柱形。国家Ⅱ级重点保护野生植物。少见。

瓶尔小草

Ophioglossum vulgatum L.

植株高大于 10 cm，不育叶卵形，基部阔楔形。少见。

P5 合囊蕨科 Marattiaceae

福建观音座莲

Angiopteris fokiensis Hieron.

无倒行假脉，羽片 5~7 对，小羽片基部圆形。少见。

P6 紫萁科 Osmundaceae

华南紫萁

Osmunda vachellii Hook.

不育叶一回，羽片宽大于 10 mm，边全缘，能育叶生于羽轴下部。生于阴湿处。较常见。

P7 膜蕨科 Hymenophyllaceae

长柄蕗蕨

Hymenophyllum polyanthos（Sw.）Sw.

成熟囊苞长卵形。少见。

P8 里白科 Gleicheniaceae

芒萁

Dicranopteris pedata（Houtt.）Nakaike

裂片宽 2~4 mm，主轴有限生长。酸性土指示植物，生于向阳处。常见。

中华里白

Diplopterygium chinensis（Rosenst.）De Vol

羽轴和小羽轴密被流苏状鳞片。酸性土壤指示植物，生于自然林中。常见。

P9 双扇蕨科 Dipteridaceae

全缘燕尾蕨

Cheiropleuria integrifolia M. Kato, Y. Yatabe, Sahashi & N. Murak. [*Cheiropleuria bicuspis*（Blume）C. Presl var. *integrifolia*（D. C. Eaton ex Hook.）D. C. Eaton ex Matsum. & Hayata]

叶片燕尾状，顶端不裂。分布于鸡笼山。少见。

石松类和蕨类

P10 海金沙科 Lygodiaceae

曲轴海金沙

Lygodium flexuosum（L.）Sw.

末回羽片基部无关节，小羽片基部不 3 裂。少见。

海金沙

Lygodium japonicum（Thunb.）Sw.

末回羽片基部无关节，小羽片基部 3 裂。常见。

P11 蘋科 Marsileaceae

蘋

Marsilea quadrifolia L.

叶等腰三角形，长 9~13 mm，宽 7~10 mm。较少见。

P12 槐叶蘋科 Salviniaceae

满江红

Azolla pinnata R. Br. subsp. **asiatica** R. M. K. Saunders & K. Fowler [*Azolla imbricata*（Roxb. ex Griff.）Nakai]

叶红色。较少见。

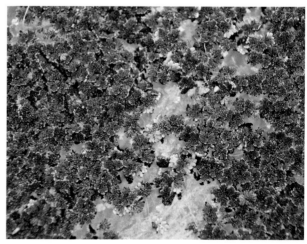

槐叶苹

Salvinia natans（L.）All.

浮水叶平展，背面密被毛。较少见。

P13 瘤足蕨科 Plagiogyriaceae

华东瘤足蕨

Plagiogyria japonica Nakai

不育叶一回羽状，顶部羽裂合生，下部羽片基部分离，羽片 13~16 对。少见。

P14 金毛狗蕨科 Cibotiaceae

金毛狗

Cibotium barometz（L.）J. Sm.

根状茎和叶柄基部被金黄色绒毛，囊群盖蚌壳状。国家Ⅱ级重点保护野生植物。常见。

P15 桫椤科 Cyatheaceae

大桫椤

Alsophila gigantea Wall. ex Hook.

树形蕨类，高 2~4 m。国家Ⅱ级重点保护野生植物。分布于鸡笼山。少见。

黑桫椤

Alsophila podophylla Hook.

树形蕨类，高达 4 m，非平展鳞片，小羽片裂片较浅，深不超过 1/2。国家 Ⅱ 级重点保护野生植物。常见。

桫椤

Alsophila spinulosa（Wall. ex Hook.）R. M. Tryon

树形蕨类，高达 6 m，叶轴和羽轴上有刺。国家 Ⅱ 级重点保护野生植物。少见。

P16 鳞始蕨科 Lindsaeaceae

异叶鳞始蕨

Lindsaea heterophylla Dryand.

根状茎短，横走，密生赤褐色钻形鳞片，叶近生，薄如草质，一回羽状复叶。少见。

团叶鳞始蕨

Lindsaea orbiculata（Lam.）Mett. ex Kuhn

二回羽状，羽片或小羽片对开式，无主脉，基部不对称，羽片近圆形、扇形或椭圆形。较常见。

乌蕨

Odontosoria chinensis（L.）J. Sm.

三回羽状，孢子囊于羽片顶端横生，囊群盖向外开。较常见。

P17 碗蕨科 Dennstaedtiaceae

碗蕨

Dennstaedtia scabra（Wall. ex Hook.）T. Moore

根状茎密被灰棕色刚毛。少见。

华南鳞盖蕨

Microlepia hancei Prantl

三回羽状，叶背的毛生于叶脉上，末回小羽片渐尖。较常见。

虎克鳞盖蕨

Microlepia hookeriana（Wall. ex Hook.）C. Presl

一回羽状，羽片不分裂。生于自然林中。少见。

边缘鳞盖蕨

Microlepia marginata（Panz.）C. Chr.

一回羽状，囊群盖被短毛。生于自然林中。少见。

蕨

Pteridium aquilinum（L.）Kuhn var. **latiusculum**（Desv.）Underw. ex A. Heller [*Pteridium aquilinum*（L.）Kuhn subsp. *latiusculum* Desv.）W. C. Shieh]

各回羽轴上面纵沟内无毛，末回羽片椭圆形，彼此接近。少见。

稀子蕨

Monachosorum henryi Christ

植株高 50~90 cm。分布于鸡笼山。少见。

毛轴蕨

Pteridium revolutum（Blume）Nakai

各回羽轴上面纵沟内被毛。生于自然林中。较少见。

P18 凤尾蕨科 Pteridaceae

鞭叶铁线蕨
Adiantum caudatum L.

一回羽状，叶披针形，羽片分裂，叶轴延伸成鞭，叶轴和叶柄密被长硬毛，基部 1 对羽片最小。较常见。

水蕨
Ceratopteris thalictroides（L.）Brongn.

一年生草本，水草类，绿色而质软，多肉质，高 20~50 cm，根茎短。国家 II 级重点保护野生植物。少见。

扇叶铁线蕨
Adiantum flabellulatum L.

二至三回羽状，叶扇形，但羽片无毛。常见。

毛轴碎米蕨
Cheilanthes chusana Hook.

叶轴密被毛。少见。

薄叶碎米蕨

Cheilanthes tenuifolia（Burm. f.）Sw.

根状茎短而直立，连同叶柄基部密被棕黄色毛，柔软的钻状鳞片叶簇生。较少见。

书带蕨

Haplopteris flexuosa（Fée）E. H. Crane

附生，植株较高大，高 10 cm 以上，叶簇生。分布于鸡笼山。少见。

剑叶凤尾蕨

Pteris ensiformis Burm. f.

一回羽状，基部不下延，能育羽片顶端单一，不分叉。常见。

傅氏凤尾蕨

Pteris fauriei Hieron.

相邻裂片基部楔相对的 2 条小脉向外斜行至缺刻之上，形成一个三角形，羽片裂还达羽轴。较常见。

林下凤尾蕨

Pteris grevilleana Wall. ex J. Agardh

二回羽状，叶一型，裂片不育边有齿，侧生羽片对称，羽片 1~2 对，羽片绿色。生于自然林中。较少见。

栗柄凤尾蕨

Pteris plumbea Christ

一回羽状，叶片一型，侧生羽片 2 对，基部楔 1 对，呈三叉状。较少见。

井栏边草

Pteris multifida Poir.

一回羽状，羽片常分叉，羽片基部下延呈翅状，不育小羽片线状披针形，先端渐尖。较常见。

半边旗

Pteris semipinnata L.

二回羽状，侧生羽片于羽轴两侧不对称，小羽片宽约 7 mm。较常见。

溪边凤尾蕨

Pteris terminalis Wall. ex J. Agardh [*P. excelsa* Blume]

较高大种类，叶二回深裂，三角形，侧生羽片4~10对，沿羽轴上面纵沟两侧有刺，羽轴下面无毛，裂片长披针形。生于自然林中。较少见。

蜈蚣凤尾蕨

Pteris vittata L.

叶脉分离，一回羽状，侧生羽片30~40对，不分叉。较常见。

P19 铁角蕨科 Aspleniaceae

毛轴铁角蕨

Asplenium crinicaule Hance

一回羽状，羽片主两侧各有多行孢子囊，叶轴和叶柄被黑色鳞片，在羽片间无芽孢。较常见。

倒挂铁角蕨

Asplenium normale D. Don

一回羽状，羽片主轴两侧各有1行孢子囊，侧生羽片钝头，叶簇生。生于自然林中。较常见。

长叶铁角蕨

Asplenium prolongatum Hook.

二回羽状，叶轴顶端延长成鞭，着地生根长出新植株，末回小羽片线形，仅 1 脉。分布于鸡笼山。少见。

柔软铁角蕨

Asplenium tenerum G. Forst.

一回羽状，羽片 15~23 对，下部的对生，向上互生。分布于鸡笼山。较少见。

P20 金星蕨科 Thelypteridaceae

假大羽铁角蕨

Asplenium pseudolaserpitiifolium Ching

三回羽状，羽片较小而尖，叶片长达 70 cm，末回小羽片舌形或倒三角形。较少见。

星毛蕨

Ampelopteris prolifera（Retz.）Copel.

叶脉联结，羽片腋间鳞芽能生出小叶片，叶轴或叶腋有少量星状毛。较少见。

渐尖毛蕨

Cyclosorus acuminatus（Houtt.）Nakai

　　裂片 1 对小脉联结，下部羽片不缩短，少有缩短，但与上部的同形。较少见。

华南毛蕨

Cyclosorus parasiticus（L.）Farw.

　　裂片 1 对小脉联结，第 2 对小脉达缺刻边缘，基部不缩短，叶背被橙色腺体。较常见。

戟叶圣蕨

Dictyocline sagittifolia Ching [*Stegnogramma sagittifolia*（Ching）L. J. He & X. C. Zhang]

　　网状脉，无囊群盖，叶片戟形，不裂。分布于鸡笼山。少见。

羽裂圣蕨

Dictyocline wilfordii（Hook.）J. Sm. [*Stegnogramma griffithii*（T. Moore）K. Iwats. var. *wilfordii*（Hook.）K. Iwats.]

　　网状脉，无囊群盖，叶片深羽裂。分布于鸡笼山。少见。

新月蕨
Pronephrium gymnopteridifrons（Hayata）
Holttum

叶为羽状，两面具小疣，孢子囊群生于小脉中部，囊群盖不发育。少见。

三羽新月蕨
Pronephrium triphyllum（Sw.）Holttum

三出羽状，稀有五出。较少见。

红色新月蕨
Pronephrium lakhimpurense（Rosenst.）Holttum

叶为羽状，孢子囊群生于小脉中部，叶背被毛，羽片 8~12 对。少见。

溪边假毛蕨
Pseudocyclosorus ciliatus（Wall. ex Benth.）Ching

根状茎短而直立，近光滑，叶簇生，叶柄长 8~25 cm，褐色，疏被卵状披针形鳞片。少见。

普通假毛蕨

Pseudocyclosorus subochthodes（Ching）Ching

下部羽片缩小成蝶形，最下的变成瘤状，孢子囊群生于小脉中部，囊群盖无毛。较少见。

P21 乌毛蕨科 Blechnaceae

乌毛蕨

Blechnum orientale L.

孢子囊群紧贴羽片中脉而生。常见。

苏铁蕨

Brainea insignis（Hook.）J. Sm.

树形，有主干。国家Ⅱ级重点保护野生植物。生于向阳处。较少见。

崇澍蕨

Chieniopteris harlandii（Hook.）Ching [*Woodwardia harlandii* Hook.]

侧生羽片基部与叶轴合生成翅，小羽片 1~4 对。分布于鸡笼山和龙船坑。较少见。

狗脊蕨

Woodwardia japonica（L. f.）Sm.

上部羽片的腋间有被红色鳞片的大芽孢。生于自然林中。较少见。

单叶双盖蕨

Deparia lancea（Thunb.）Fraser-Jenk. [*Diplazium subsinuatum*（Wall. ex Hook. & Grev.）Tagawa]

单叶，但叶全缘。生于自然林中。较少见。

P22 蹄盖蕨科 Athyriaceae

假蹄盖蕨

Deparia japonica（Thunb.）M. Kato

羽片背面无毛。较常见。

毛轴假蹄盖蕨

Deparia petersenii（Kunze）M. Kato

羽片背面密被节毛。较少见。

毛柄短肠蕨

Diplazium dilatatum Blume

二回羽状，叶柄下部密被棕色鳞片，羽轴与小羽轴被线形小鳞片，羽片约 12 对。少见。

双盖蕨

Diplazium donianum（Mett.）Tardieu

植株高约 60 cm，一回羽状，羽片全缘或中上部具齿。生于自然林中。较常见。

鼎湖毛子蕨

Diplazium dinghushanicum（Ching & S. H. Wu）Z. R. He

羽片边缘具齿。较少见。

菜蕨

Diplazium esculentum（Retz.）Sw.

叶轴无毛。较少见。

江南短肠蕨

Diplazium mettenianum（Miq.）C. Chr.

一回羽状，羽片边缘羽裂，羽片 6~10 对，孢子囊线形，单生于小脉中部。少见。

刺头复叶耳蕨

Arachniodes aristata（G. Forst.）Tindale

[*Arachniodes exilis*（Hance）Ching]

叶柄和叶轴被棕色鳞片。生于自然林中。较少见。

P23 鳞毛蕨科 Dryopteridaceae

美丽复叶耳蕨

Arachniodes amoena（Ching）Ching

植株高 70~85 cm，叶柄长，棕禾秆色，叶片五角形，顶部有 1 片具柄的羽状羽片。生于自然林中。较少见。

中华复叶耳蕨

Arachniodes chinensis（Rosenst.）Ching

叶柄和叶轴被黑色鳞片。生于自然林中。少见。

石松类和蕨类

华南实蕨

Bolbitis subcordata（Copel.）Ching

不育叶网眼内有内藏小脉，不育叶羽片 4~10 对。分布于三宝峰至白云寺途中。较少见。

阔鳞鳞毛蕨

Dryopteris championii（Benth.）C. Chr. ex Ching

羽轴和小羽轴被泡状大鳞片，羽片有柄，二回羽状，孢子囊群着生于小脉中部，排成 1 行。分布于鸡笼山。少见。

鱼鳞蕨

Dryopteris paleolata（Pic. Serm.）Li Bing Zhang

各回羽轴基部着生处有一心形大鳞片。分布于三宝峰至鸡笼山途中。较少见。

稀羽鳞毛蕨

Dryopteris sparsa（D. Don）Kuntze

羽轴和小羽轴鳞片平直，小羽片基部不对称。分布于鸡笼山。少见。

石松类和蕨类

华南舌蕨

Elaphoglossum yoshinagae（Yatabe）Makino

　　不育叶披针形，长 15~30 cm，宽 3~4.5 cm。分布于鸡笼山。较少见。

灰绿耳蕨

Polystichum scariosum C. V. Morton [*Polystichum eximium*（Mett. ex Kuhn）C. Chr.]

　　二回羽状，叶轴有 1 或 2 枚密被鳞片的大芽孢。分布于三宝峰至鸡笼山途中。较少见。

P24 肾蕨科 Nephrolepidaceae

镰羽贯众

Polystichum balansae Christ [*Cyrtomium balansae*（Christ）C. Chr.]

　　羽片基部下角尖。分布于鸡笼山。少见。

肾蕨

Nephrolepis cordifolia（L.）C. Presl

　　一回羽状，中部羽片长约 2 cm，钝头。较常见。

P25 三叉蕨科 Tectariaceae

刚毛牙蕨

Pteridrys australis Ching

叶脉分离，叶轴无毛。分布于飞水潭旁山谷林中。少见。

三羽叉蕨

Tectaria subtriphylla（Hook. & Arn.）Copel.

孢子囊群大，生于小脉顶端，叶片顶端羽状分裂，叶柄与叶轴禾秆色，无光泽。少见。

沙皮蕨

Tectaria harlandii（Hook.）C. M. Kuo

中型或大型土生植物，根状茎粗壮，短横走至直立，顶部被鳞片披针形，叶簇生。生于自然林中。较常见。

地耳蕨

Tectaria zeilanica Sledge

小草本，二型叶。生于自然林中。较常见。

P26 条蕨科 Oleandraceae

华南条蕨

Oleandra cumingii J. Sm.

叶草质，孢子囊群靠近主脉，囊群盖无毛。少见。

波边条蕨

Oleandra undulata（Willd.）Ching

叶厚纸质，边缘波状，囊群盖被短毛。少见。

P27 骨碎补科 Davalliaceae

大叶骨碎补

Davallia divaricata Blume [*Davallia formosana* Hayata]

植株较大，高达 1 m，囊群盖管形。较少见。

阔叶骨碎补

Davallia solida（G. Forst.）Sw.

植株中等，高 30~50 cm，囊群盖杯形。分布于鸡笼山。少见。

石松类和蕨类

圆盖阴石蕨

Humata griffithiana（Hook.）C. Chr. [*Davallia griffithiana* Hook.]

　　叶柄长与叶片近等长，根状茎被白鳞片。分布于鸡笼山。少见。

阴石蕨

Humata repens（L. f.）Small ex Diels

　　附生，叶柄长为叶片的 1.5~2 倍，根状茎被红棕色鳞片。较少见。

P28 水龙骨科 Polypodiaceae

崖姜

Aglaomorpha coronans（Wall. ex Mett.）Copel.

　　叶一型，基部扩大成翅状。分布于鸡笼山。较少见。

抱石莲

Lemmaphyllum drymoglossoides（Baker）Ching

　　叶明显二型。较少见。

伏石蕨

Lemmaphyllum microphyllum C. Presl

不育叶卵形或近圆形。较少见。

骨牌蕨

Lemmaphyllum rostratum（Bedd.）Tagawa

叶一型或近二型，能育叶卵状披针形，近无柄。分布于鸡笼山。少见。

线蕨

Leptochilus ellipticus（Thunb. ex Murray）Noot.

植株高 30~60 cm，叶羽状深裂达叶轴，裂片 4~10 对。少见。

宽羽线蕨

Leptochilus ellipticus var. **pothifolius**（Buch.-Ham. ex D. Don）X. C. Zhang

植株高 60~100 cm，叶羽状深裂，裂片 4~10 对。生于自然林中。较常见。

27

断线蕨

Leptochilus hemionitideus（C. Presl）Noot.

叶披针形，孢子囊群间断分布，椭圆形。少见。

褐叶线蕨

Leptochilus wrightii（Hook. & Baker）X. C. Zhang

叶片倒披针形，长 25~35 cm，中部以下缩狭成翅。少见。

胄叶线蕨

Leptochilus hemitomus（Hance）Noot.

叶戟形，中部以下条裂，基部下延。少见。

羽裂星蕨

Microsorum insigne（Blume）Copel. [*Microsorum dilatatum*（Wall. ex Bedd.）Sledge]

植株高约 50 cm，羽状裂。较少见。

星蕨

Microsorum punctatum（L.）Copel.

孢子囊群小，密布叶片上部。较少见。

两广禾叶蕨

Oreogrammitis dorsipila（Christ）Parris [*Polypodium lasiosorum*（Blume）Hook.]

叶柄不明显，叶片长 5 cm。分布于鸡笼山。少见。

江南星蕨

Neolepisorus fortunei（T. Moore）L. Wang

[*Microsorum fortunei*（T. Moore）Ching]

孢子囊群大，沿中脉两侧各 1~2 行。较常见。

贴生石韦

Pyrrosia adnascens（Sw.）Ching

叶明显二型，不育叶椭圆形或卵状披针形，能育叶线状舌形，远长于不育叶。较常见。

石韦

Pyrrosia lingua（Thunb.）Farw.

　　植株高达 30 cm，叶柄长 2~10 cm，叶一型，背被毛。分布于鸡笼山。较少见。

抱树莲

Pyrrosia piloselloides（L.）M. G. Price

　　叶二型，不育叶卵形，能育叶线形。较少见。

二、裸子植物 Gymnoperms

G1 买麻藤科 Gnetaceae

罗浮买麻藤

Gnetum luofuense C.Y. Cheng

　　叶较大，宽 3~8 cm。生于自然林中。较常见。

小叶买麻藤

Gnetum parvifolium（Warb.）W. C. Cheng

　　叶较小，宽约 3 cm。生于自然林中。较常见。

G2 松科 Pinaceae

马尾松

Pinus massoniana D. Don

针叶 2 针 1 束，枝每年生长 1 轮，具 2 个树脂道。常见。

G3 罗汉松科 Podocarpaceae

长叶竹柏

Nageia fleuryi（Hickel）de Laub.

叶较大，长 8~18 cm，宽 2.2~5 cm，无番石榴味。野生仅见于鸡笼山，栽培较多。

三、被子植物 Angiosperms

1 五味子科 Schisandraceae

黑老虎

Kadsura coccinea（Lem.）A. C. Sm.

叶厚革质，边全缘，果大，直径 6~10 cm。生于自然林中。少见。

南五味子

Kadsura longipedunculata Finet & Gagnep.

叶纸质，边有疏齿，侧脉 5~7 条，果较小，直径 1.5~3.5 cm。生于自然林中。少见。

2 三白草科 Saururaceae

蕺菜

Houttuynia cordata Thunb.

茎叶有腥臭气味，子房上位，总状花序，无总苞。较常见。

3 胡椒科 Piperaceae

山蒟

Piper hancei Maxim.

叶披针形，长 6~12 cm，宽 2.5~4.5 cm，基部楔形，雄花序长 6~10 cm。常见。

变叶胡椒

Piper mutabile C. DC.

花单性，苞片倒卵状长圆形，叶长 5~6 cm、宽 4.5~5 cm，两面无毛，花序被毛。较常见。

假蒟

Piper sarmentosum Roxb.

直立草本。常见。

被子植物

4 马兜铃科 Aristolochiaceae

广防己

Aristolochia fangchi Y. C. Wu ex L. D. Chow & S. M. Hwang

　　木质藤本，被毛，花被管中部弯曲，弯曲部分管壁不贴生。分布于草塘和龙船坑。较少见。

杜衡

Asarum forbesii Maxim.

　　叶片阔心形至肾心形，长和宽各为 3~8 cm，顶端钝或圆，基部心形。分布于鸡笼山。少见。

鼎湖细辛

Asarum magnificum Tsiang ex C. Y. Cheng & C. S. Yang var. **dinghuense** C. Y. Cheng & C. S. Yang

　　花被管较短小，长约 1 cm，叶通常椭圆状卵形，叶面无云斑，疏被短毛。少见。

山慈菇

Asarum sagittarioides C. F. Liang

　　叶犁头状，叶面疏被粗毛，背面脉上被短柔毛，花被无毛。较少见。

5 木兰科 Magnoliaceae

香港木兰

Lirianthe championii（Benth.）N. H. Xia & C. Y. Wu [*Magnolia paenetalauma* Dandy]

常绿，叶淡绿色，侧脉 12~15 对，开花前花梗稍下弯，托叶不贴生叶柄上。生于自然林中。较常见。

金叶含笑

Michelia foveolata Merr. ex Dandy

叶柄无托叶痕，叶长 17~23 cm、宽 6~11 cm，叶背密被赤铜色绒毛。生于自然林中。较少见。

毛桃木莲

Manglietia kwangtungensis（Merr.）Dandy [*Manglietia moto* Dandy]

叶柄和果柄密被锈色绒毛。分布于鸡笼山。少见。

深山含笑

Michelia maudiae Dunn

叶柄无托叶痕，叶背无毛，被白粉。分布于鸡笼山山谷。少见。

6 番荔枝科 Annonaceae

观光木

Michelia odora（Chun）Noot. & B. L. Chen

叶柄有托叶痕，枝、叶背、叶柄及花梗被糙伏毛。国家 II 级重点保护野生植物，野生仅见于庆云寺后，栽培较多。

假鹰爪

Desmos chinensis Lour.

花瓣外轮较内轮大，果细长，念珠状。常见。

野含笑

Michelia skinneriana Dunn

乔木，叶柄托叶痕长不达 10 mm，花白色，叶比含笑和紫花含笑长。分布于鸡笼山谷。少见。

斜脉暗罗

Disepalum plagioneurum（Diels）D. M. Johnson

[*Polyalthia plagioneura* Diels]

乔木，嫩枝被丝状毛，老时无毛，叶背近无毛，花梗长 3~5 cm。分布于鸡笼山。少见。

白叶瓜馥木

Fissistigma glaucescens（Hance）Merr.

枝无毛，叶背白色，果无毛。生于自然林中。常见。

多花瓜馥木

Fissistigma polyanthum（Hook. f. & Thomson）Merr.

枝有毛，叶面侧脉不凹陷，花序常有 3~7 朵花。生于自然林中。较少见。

瓜馥木

Fissistigma oldhamii（Hemsl.）Merr.

小枝被黄褐色柔毛，叶倒卵状椭圆形或长圆形，叶面侧脉不凹陷，顶端圆钝。分布于鸡笼山。少见。

香港瓜馥木

Fissistigma uonicum（Dunn）Merr.

小枝无毛，叶绿色，花序有花 1~2 朵。生于自然林中。少见。

光叶紫玉盘

Uvaria boniana Finet & Gagnep.

叶及嫩枝无毛。分布于鸡笼山。少见。

紫玉盘

Uvaria macrophylla Roxb.

叶背及嫩枝被毛，花小，直径 2.5~3.5 cm，果无刺。常见。

7 莲叶桐科 Hernandiaceae

小花青藤

Illigera parviflora Dunn

花序轴密被柔毛，雄蕊的长度不超过花瓣的 2 倍。生于自然林中。较少见。

红花青藤

Illigera rhodantha Hance

小叶基部略呈心形，花红色。其他种非心形。少见，有栽培。

8 樟科 Lauraceae

无根藤

Cassytha filiformis L.

寄生缠绕草质藤本。较少见。

阴香

Cinnamomum burmannii（Nees & T. Nees）Blume

离基 3 出脉，叶互生或近对生，叶长 5~10 cm、宽 2~5 cm，果卵球形。较常见。

毛桂

Cinnamomum appelianum Schewe

离基 3 出脉，叶互生或近对生，幼时被柔毛，果托增大，漏斗状，长达 1 cm。分布于鸡笼山。少见。

樟

Cinnamomum camphora（L.）J. Presl

离基 3 出脉，全部互生，脉腋窝明显，果球形。国家Ⅱ级重点保护野生植物。常见。

粗脉樟

Cinnamomum subavenium Miq.

3 出脉，在老枝上互生，叶长 4~13.5 cm、宽 2~6 cm，背面被平伏绢毛，果椭圆形，长约 7 mm。生于自然林中。少见。

硬壳桂

Cryptocarya chingii W. C. Cheng

羽状脉，果椭圆形，纵棱明显，叶长圆形，长 6~13 cm，宽 2.5~5 cm，叶柄被短柔毛。生于自然林中。较少见。

厚壳桂

Cryptocarya chinensis（Hance）Hemsl.

3 出脉，叶长 7~11 cm、宽 3.5~5.5 cm，果扁球形，直径 9~12 mm。自然林中优势种。常见。

黄果厚壳桂

Cryptocarya concinna Hance

羽状脉，果椭圆形，纵棱不明显，叶柄被毛。自然林中优势种。常见。

乌药

Lindera aggregata（Sims）Kosterm.

　　3出脉，叶卵形，长 2.7~5 cm，宽 1.5~4 cm，叶背苍白色，密被棕色柔毛，总花梗短，无果托。分布于鸡笼山。少见。

鼎湖钓樟

Lindera chunii Merr.

　　3出脉，叶椭圆形，背面被灰色贴伏毛，长 5~10 cm，宽 1.5~4 cm，有明显的总花梗。生于自然林中。常见。

香叶树

Lindera communis Hemsl.

　　羽状脉，总花序梗不明显，叶革质，卵形，长 4~5 cm，宽 1.5~3.5 cm，背疏被柔毛。生于自然林中。较少见。

广东山胡椒

Lindera kwangtungensis（H. Liu）C. K. Allen

　　常绿乔木，羽状脉，总花序梗明显，花序常 2~3 个生于短枝上，叶椭圆状披针形。分布于鸡笼山。少见。

山钓樟

Lindera metcalfiana C. K. Allen

常绿乔木，羽状脉，总花序梗明显，花序常2~5个生于短枝上，叶长圆形。生于自然林中。较常见。

尖脉木姜子

Litsea acutivena Hayata

枝被毛，互生，叶披针形，长 4~11 cm，宽2~4 cm，果椭圆形，长 1~1.2 cm。生于自然林中。少见。

绒毛山胡椒

Lindera nacusua（D. Don）Merr.

羽状脉，总花序梗不明显，叶革质，卵形，长 6~11 cm，宽 3.5~6 cm，背密被长柔毛。分布于鸡笼山。少见。

山苍子

Litsea cubeba（Lour.）Pers.

落叶小乔木，小枝和叶两面无毛。常见。

黄丹木姜子

Litsea elongata（Nees）Hook. f.

常绿小乔木，枝被毛，互生，花被管果时增大，叶长圆形，长 6~22 cm，宽 2~6 cm，果长圆形，长 7~8 mm。生于自然林中。少见。

华南木姜子

Litsea greenmaniana C. K. Allen

常绿乔木，枝被毛，互生，花被管果时增大，叶椭圆形，长 4~13.5 cm，宽 2~3.5 cm，果直径 8 mm。分布于鸡笼山。少见。

潺槁木姜子

Litsea glutinosa（Lour.）C. B. Rob.

常绿，能育雄蕊 15 枚，叶革质，倒卵形或倒卵状长圆形，长 6.5~15 cm，宽 5~11 cm。常见。

假柿木姜子

Litsea monopetala（Roxb.）Pers.

常绿，互生，叶阔卵形或卵状长圆形，长 8~20 cm，宽 4~12 cm，花梗被毛，花被裂片 6，能育雄蕊 9 枚。生于自然林中。较常见。

被子植物

豺皮樟

Litsea rotundifolia Hemsl. var. **oblongifolia**（Nees）C. K. Allen

叶卵状长圆形，伞形花序几无总梗，无花梗，果实球形，成熟时灰蓝色。常见。

短序润楠

Machilus breviflora（Benth.）Hemsl.

叶小，花序顶生，圆锥花序短，总花梗长 3~5 cm。较常见。

轮叶木姜子

Litsea verticillata Hance

常绿，叶轮生，花被裂片明显，能育雄蕊 9 枚。较常见。

华润楠

Machilus chinensis（Benth.）Hemsl.

叶长 5~10 cm、宽 2~4 cm，侧脉约 8 条，果直径 8~10 mm，全株无毛。生于自然林中。常见。

黄心树

Machilus gamblei King ex Hook. f. [*Machilus bombycina* King ex Hook. f.]

叶革质，长6~11 cm，宽1.5~3.8 cm，顶端急尖，叶背被柔毛，果较小，直径7 mm，枝被毛。少见。

广东润楠

Machilus kwangtungensis Y. C. Yang

果较小，直径 8~9 mm，枝被毛，叶革质，长 6~11 cm，宽 2~4.5 cm，顶端渐尖，叶背被短柔毛。常见。

黄绒润楠

Machilus grijsii Hance

叶长 7.5~14 cm、宽 3.7~6.5 cm，背面被短柔毛，叶基部略呈圆形，花被裂片外面有绒毛。少见。

硬叶润楠

Machilus phoenicis Dunn

花被片外面无毛，叶厚革质，长 9.5~21 cm，宽 2.5~5.5 cm，叶无毛，侧脉 8~12 对。生于自然林中。较常见。

红楠

Machilus thunbergii Siebold & Zucc.

　　叶革质，较硬，长 4.5~9 cm，宽 1.7~4.2 cm，叶无毛，侧脉 7~12 对，花被片外面无毛。分布于鸡笼山。少见。

绒毛润楠

Machilus velutina Champ. ex Benth.

　　叶长 5~11 cm、宽 2~5.5 cm，背面被锈色绒毛，叶基部楔形，花被裂片外面有绒毛。常见。

锈叶新木姜

Neolitsea cambodiana Lecomte

　　羽状脉，小枝被锈色绒毛，叶柄和叶背被锈色绒毛。生于自然林中。较常见。

鸭公树

Neolitsea chui Merr.

　　叶离基 3 出脉，叶椭圆形，长 8~16 cm，宽 2.7~9 cm，背无毛，果直径约 8 mm。生于自然林中。较少见。

显脉新木姜

Neolitsea phanerophlebia Merr.

叶离基 3 出脉，叶背被长柔毛，叶较小，长 6~13 cm，宽 2~4.5 cm，叶脉明显，果球形，直径 5~9 mm。生于自然林中。少见。

美丽新木姜

Neolitsea pulchella（Meisn.）Merr.

叶离基 3 出脉，叶背被褐柔毛，叶较小，长 4~6 cm，宽 2~3 cm，果球形，直径 4~6 mm。生于自然林中。少见。

9 金粟兰科 Chloranthaceae

草珊瑚

Sarcandra glabra（Thunb.）Nakai

叶缘具粗锯齿，雄蕊棒状，果球形。较常见。

10 菖蒲科 Acoraceae

菖蒲

Acorus calamus L.

叶具中肋，叶片剑状线形，长而宽，长 90~150 cm，宽 1~2（~3）cm。较少见。

金钱蒲

Acorus gramineus Sol. ex Aiton

叶不具中肋，叶片线形，宽 2~5 mm。常见。

11 天南星科 Araceae

广东万年青

Aglaonema modestum Schott ex Engl.

叶卵形，叶基部楔形，非心形，总花梗纤细，佛焰苞黄绿色。常见。

尖尾芋

Alocasia cucullata（Lour.）G. Don

地上茎圆柱形，黑褐色，具环形叶痕，叶柄绿色，叶片膜质，深绿色，宽卵状心形，先端凸尖，基部圆形。较少见。

海芋

Alocasia macrorrhizos（L.）G. Don

大草本，叶箭状卵形，叶片亚革质，长 0.5~1 m，宽 40~90 cm。常见。

磨芋

Amorphophallus konjac K. Koch

　　株高 40~70 cm，地下球茎圆形，一株只长一叶，羽状复叶，叶柄粗长似茎，开花紫红色，有异臭味。少见。

野芋

Colocasia antiquorum Schott

　　植株具块茎，叶柄常紫色，肉穗花序顶端附属体长 4~8 cm。较常见。

麒麟叶

Epipremnum pinnatum（L.）Engl.

　　攀援大藤本，叶羽状深裂，全部绿色。分布于白云寺。较常见。

千年健

Homalomena occulta（Lour.）Schott

　　多年生草本，叶基部心形，肉穗花序，长 3.5 cm，粗 4~6 mm。较常见。

被子植物

刺芋

Lasia spinosa（L.）Thwaites

多年生草本，叶箭形，叶柄有刺。较少见。

石柑子

Pothos chinensis（Raf.）Merr.

附生藤本，叶柄约为叶片大小的 1/6。常见。

浮萍

Lemna minor L.

飘浮植物，叶状体对称，无柄，长 2~6 mm，宽 2~3 mm。较少见。

百足藤

Pothos repens（Lour.）Druce

攀援植物，叶椭圆形，宽 1.5~5.6 cm，叶柄有翅，肉穗状花序椭圆形。较常见。

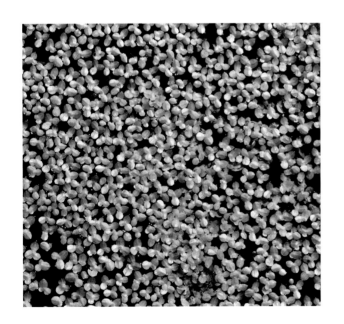

狮子尾

Rhaphidophora hongkongensis Schott

攀援大藤本，叶全缘，镰状披针形或镰状椭圆形，宽常在 15 cm 以内。常见。

犁头尖

Typhonium blumei Nicolson & Sivad.

叶 4~8 片，长 5~10 cm，叶脉绿色，佛焰苞檐部伸长为卷曲长鞭状。常见。

12 泽泻科 Alismataceae

泽泻

Alisma plantago-aquatica L.

水生草本，叶宽披针形、椭圆形至卵形，长 2~11 cm，宽 1.3~7 cm，顶端渐尖，稀急尖，基部宽楔形或浅心形，叶脉通常 5 条。较少见。

矮慈姑

Sagittaria pygmaea Miq.

植物矮小，叶条形，长 5~20 cm，宽 4~10 mm，无叶柄。较少见。

野慈姑

Sagittaria trifolia L.

挺水植物，植株较粗壮，叶箭形，飞燕状，裂片较小，宽 0.5~1 cm，叶柄基部鞘状，花后萼片反折，花序分枝少。较少见。

黑藻

Hydrilla verticillata（L. f.）Royle

直立沉水草本，叶轮生，叶边缘有明显的齿，花单性，苞片内仅 1 朵花。较少见。

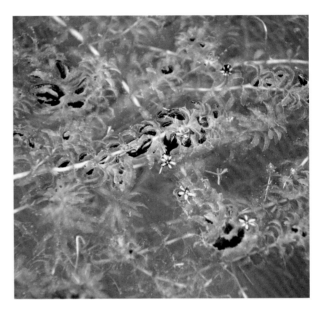

13 水鳖科 Hydrocharitaceae

无尾水筛

Blyxa aubertii Rich.

叶基生，花两性，雄蕊 3 枚，种子两端无明显尾状的附属物，表面无棘突。较常见。

小茨藻

Najas minor All.

沉水草本，叶常 3 片假轮生，叶鞘有圆形的叶耳。少见。

苦草

Vallisneria natans（Lour.）H. Hara

沉水草本，有匍匐茎，叶脉光滑无刺，雄蕊 1 枚，果圆柱形。较常见。

15 水玉簪科 Burmanniaceae

水玉簪

Burmannia disticha L.

绿色小草本，叶莲座状排列，长 3~8 cm，宽 6~15 mm，二歧蝎尾状聚伞花序有花数朵。较少见。

14 眼子菜科 Potamogetonaceae

菹草

Potamogeton crispus L.

叶同型，全部沉水，叶片条形，长 3~8 cm，宽 3~10 mm，无柄。较少见。

蓝花水玉簪

Burmannia itoana Makino

腐生草本，无叶绿素，花 1~2 朵，顶生，有明显的翅，翅紫色，花被裂片 2 轮，外轮大，内轮小。少见。

无叶水玉簪

Burmannia nepalensis（Miers）Hook. f.

腐生草本，无叶绿素，二歧蝎尾状聚伞花序或花 1~2 朵顶生，有明显的翅，翅白色，花被裂片 2 轮，外轮大，内轮小。少见。

16 薯蓣科 Dioscoreaceae

黄独

Dioscorea bulbifera L.

无刺藤本，块茎卵形，叶腋内有珠芽，叶互生，卵状心形，花被离生。较少见。

薯莨

Dioscorea cirrhosa Lour.

茎圆柱形，有刺，块茎卵形或球形，叶革质，卵形、椭圆形或披针形等。常见。

五叶薯蓣

Dioscorea pentaphylla L.

有刺藤本，块茎，复叶有 3~7 枚小叶，果为三棱状椭圆形，长 2~2.5 cm，宽 1~1.3 cm，疏被柔毛。较少见。

山药

Dioscorea polystachya Turcz.

茎圆柱形，常紫红色，无刺，块茎长圆柱形，叶下部互生，中上部对生，有时轮生，纸质，卵状三角形，常 3 浅裂或深裂。生于自然林中。少见。

17 百部科 Stemonaceae

大百部

Stemona tuberosa Lour.

藤本，有肉质根，叶对生，卵状披针形。生于自然林中。少见。

18 露兜树科 Pandanaceae

露兜草

Pandanus austrosinensis T. L. Wu

大草本，叶长 2~5m、宽 4~5 cm，边缘有刺齿，雄花有 5~9 枚雄蕊，柱头分叉。较常见。

19 藜芦科 Melanthiaceae

中国白丝草

Chionographis chinensis K. Krause

多年生草本，叶莲座状，椭圆形，花密集成穗状花序，两侧对称，花被不等大，蒴果。分布于鸡笼山。少见。

20 秋水仙科 Colchicaceae

宝铎草

Disporum nantouense S. S. Ying

　　叶圆形、卵形、椭圆形至披针形，长 4~15 cm，宽 1.5~5（~9）cm。较少见。

21 菝葜科 Smilacaceae

合丝肖菝葜

Heterosmilax gaudichaudiana（Kunth）Maxim.

[*Smilax gaudichaudiana* Kunth]

　　茎无毛，叶长圆状披针形，基部圆形或心形。较少见。

肖菝葜

Heterosmilax japonica Kunth [*Smilax japonica*（Kunth）A. Gray]

　　茎无毛，叶近心形，基部心形。较少见。

菝葜

Smilax china L.

　　枝有刺，叶卵形或近圆形，长 3~9 cm，宽 2~9 cm，顶端急尖，基部心形，干后常红褐色，果红色。较少见。

筐条菝葜

Smilax corbularia Kunth

枝茎圆形，无刺，叶卵状长圆形，背面灰白色，但总花梗较长，长 4~15 mm，果红色。较常见。

土茯苓

Smilax glabra Roxb.

枝无刺，叶椭圆状披针形，长 5~15 cm，宽 1.5~7 cm，叶柄长 0.5~2.5 cm，背面常苍白色，总花梗短。较常见。

暗色菝葜

Smilax lanceifolia Roxb. var. **opaca** A. DC.

叶较短，呈卵状，叶干后暗绿色或略带淡黑色，叶面沿主脉两侧不呈皱波状，伞形花序单个腋生，雄蕊离生。较常见。

大果菝葜

Smilax megacarpa A. DC. [*Smilax macrocarpa* Blume]

枝生疏刺，叶卵形或卵状长圆形，长 5~20 cm，宽 3~12 cm，伞形花序组成圆锥花序，果直径 15~25 mm，黑色。分布于鸡笼山。少见。

牛尾菜

Smilax riparia A. DC.

草质藤本，叶背绿色，茎无毛。较常见。

麝香百合

Lilium longiflorum Thunb. var. **scabrum** Masam.

[*Lilium longiflorum* Thunb.]

叶狭披针形或线形，宽 1~1.8 cm，花大，长 10~19 cm，花被外面淡绿色，花丝基部无毛，果长 5~7 cm。较少见。

22 百合科 Liliaceae

23 兰科 Orchidaceae

野百合

Lilium brownii F. E. Brown ex Miellez

叶倒披针形或倒卵形，花大，长 15~20 cm，花被外面淡紫色，花丝基部被毛，果长约 6 cm。较少见。

多花脆兰

Acampe rigida（Buch.-Ham. ex Sm.）P. F. Hunt

粗壮附生草本，茎长达 1m，叶 2 列，厚革质，基部 V 形对折，抱茎，顶端 2 浅裂。较常见。

金线兰

Anoectochilus roxburghii（Wall.）Lindl. ex Wall.

地生小草本，叶卵形，长 2~3.5 cm，宽 1~3 cm，叶面有美丽的金红色网脉，唇瓣裂片长圆形，两侧各有 6~8 条长 4~6 mm 流苏状裂条。较少见。

芳香石豆兰

Bulbophyllum ambrosia（Hance）Schltr.

假鳞茎圆柱形，长 3~4 cm，直径 5~8 mm，顶生 1 叶，狭长圆形，长 6~26 cm，宽 1~4 cm，花单生。分布于鸡笼山。少见。

竹叶兰

Arundina graminifolia（D. Don）Hochr.

地生草本，茎直立，形如竹竿，叶 2 列，禾叶状，花美丽，粉红色带紫色或白色。较少见。

广东石豆兰

Bulbophyllum kwangtungense Schltr.

假鳞茎疏生，圆柱形，长 1~2.5 cm，直径 2~5 mm，顶生 1 叶，长圆形，长 2~4.7 cm，宽 5~14 mm，花茎比假鳞茎长，长达 9 cm，有花 2~7 朵。较少见。

密花石豆兰

Bulbophyllum odoratissimum（Sm.）Lindl.

假鳞茎疏生，圆柱形，长 2.5~4 cm，直径 3~9 mm，顶生 1 叶，长圆形，长 4~13 cm，宽 8~25 mm，花茎比假鳞茎长，长达 14 cm，密生花 10 余朵。分布于鸡笼山。少见。

钩距虾脊兰

Calanthe graciliflora Hayata [*Calanthe hamata* Hand.-Mazz.]

叶柄与鞘连接处无关节，叶长达 33 cm、宽 5.5~10 cm，苞片宿存，总状花序有花多数，花白色，唇瓣 3 裂，距长 1~1.3 cm，中裂片近方形，蕊喙 2 裂。分布于龙船坑。少见。

短足石豆兰

Bulbophyllum stenobulbon E. C. Parish & Rchb. f.

假鳞茎疏生，圆柱形，长 10~15 mm，直径 3~6 mm，顶生 1 叶，长圆形，长 1.5~3 cm，宽 10 mm，花茎与假鳞茎等长，具 2~4 朵花。分布于鸡笼山。少见。

红花隔距兰

Cleisostoma williamsonii（Rchb. f.）Garay

附生草本，叶圆柱形，长 6~10 cm，直径 2~3 mm，花粉红色，唇瓣深紫红色。较少见。

流苏贝母兰

Coelogyne fimbriata Lindl.

　　附生草本，假鳞茎顶生 2 枚叶，长圆状椭圆形，长 4~10 cm，宽 1~2 cm，花瓣丝状披针形，唇瓣 3 裂，中裂片边流苏状。较少见。

吻兰

Collabium chinense（Rolfe）Tang & F. T. Wang

　　地生草本，假鳞茎细圆柱形，叶卵形，长 7~21 cm，宽 4~9 cm，基部浅心形，弧形脉，唇瓣裂片顶端圆钝，边缘全缘。分布于鸡笼山。少见。

隐柱兰

Cryptostylis arachnites（Blume）Hassk.

　　地生草本，叶基生，2~3 片，椭圆形，长 8.5~11 cm，宽 4.5~5 cm，花葶从叶基部抽出，直立，细长，光滑，绿色，具 2 至多枚鞘状苞片。分布于鸡笼山。少见。

纹瓣兰

Cymbidium aloifolium（L.）Sw.

　　附生草本，叶硬革质，叶尖具不等的 2 裂，花序下垂，有花 20~35 朵，唇瓣白色或奶油黄色，有紫红色纵条纹。较少见。

建兰

Cymbidium ensifolium（L.）Sw.

　　地生草本，叶长 30~50 cm、宽 10~17 mm，花序有花 3~9 朵，花极清香，苞片长 5~8 mm，花期 6—10 月。较少见。

墨兰

Cymbidium sinense（Jacks. ex Andrews）Willd.

　　地生草本，叶长 45~80 cm、宽 15~30 mm，花序有花 10~20 朵，花淡香，苞片长 4~8 mm，花期 10 月至翌年 3 月。少见。

多花兰

Cymbidium floribundum Lindl.

　　附生草本，叶纸质，长 30~100 cm，宽 7~18 mm，背面 2 条侧脉比中脉更凸起，花茎下垂，有花 5~9 朵，蕊柱长 9~10 mm。分布于鸡笼山。少见。

钩状石斛

Cymbidium sinense（Jacks. ex Andrews）Willd.

　　茎圆柱形，长 50~100 cm，直径 2~5 mm，叶基部下延为包茎的鞘，叶狭卵状长圆形，2 列，总状花序生于茎顶端，有花 1~6 朵，花淡红色。少见。

美花石斛

Dendrobium loddigesii Rolfe

　　茎圆柱形，下垂，长 10~45 cm，直径 3 mm，叶基部下延为包茎的鞘，叶长圆状披针形，2 列，长 3~4 cm，宽 1~1.3 cm，总状花序有花 1~2 朵，花白色。少见。

足茎毛兰

Eria coronaria（Lindl.）Rchb. f.

　　附生草本，植物干后变黑色，根状茎发达，假鳞茎圆柱形，长 5~15 cm，直径 3~6 mm，有 2 片叶，叶长圆形，长 6~16 cm，宽 1~4 cm，有花 2~6 朵。分布于鸡笼山。少见。

半柱毛兰

Eria corneri Rchb. f.

　　附生草本，植株干后不变黑色，根状茎发达，假鳞茎卵状长圆形，长 2~5 cm，直径 1~2.5 cm，叶椭圆状披针形，长 15~45 cm，宽 1.5~6 cm，有花 10 余朵。少见。

高斑叶兰

Goodyera procera（Ker Gawl.）Hook.

　　植株高达 80 cm，叶长圆形，长 7~15 cm，宽 2~5.5 cm，叶面深绿色，总状花序花多朵，侧萼片不张开，萼片背面无毛。较少见。

橙黄玉凤花

Habenaria rhodocheila Hance

地生草本，块茎长圆形，叶线状披针形，长 10~15 cm，宽 1.5~2 cm，花葶无毛，花橙红色。较少见。

阔叶沼兰

Liparis latifolia Lindl. [*Malaxis latifolia* Sm.]

地生草本，茎肉质，圆柱形，长 3~10 cm，叶鞘包茎，叶卵状椭圆形，长 7~16 cm，宽 4~9 cm，花小，有花 10 余朵。少见。

镰翅羊耳蒜

Liparis bootanensis Griff. [*Liparis subplicata* Tang & F. T. Wang]

附生草本，假鳞茎密集，长圆形，长 2~3.5 cm，直径 6~15 mm，顶生叶 2 枚，倒披针形，长 16~45 cm，宽 1.7~3.5 cm，叶柄有关节。分布于鸡笼山。少见。

见血青

Liparis nervosa（Thunb.）Lindl.

地生草本，茎肉质，圆柱形，竹茎状，叶柄无关节，叶卵形，长 5~11 cm，宽 3~8 cm。较少见。

扇唇羊耳蒜

Liparis stricklandiana Rchb. f. [*Liparis chloroxantha* Hance]

附生草本，假鳞茎密集，长圆形，长 2~3.5 cm，直径 6~15 mm，顶生叶 2 枚，倒披针形，长 16~45 cm，宽 1.7~3.5 cm，叶柄有关节。少见。

石仙桃

Pholidota chinensis Lindl.

叶倒卵状椭圆形或披针状椭圆形，长 5~22 cm，宽 2~6 cm，苞片宿存。较少见。

小舌唇兰

Platanthera minor（Miq.）Rchb. f. [*Habenaria henryi* Rolfe]

地生草本，块茎椭圆形，叶披针形或线状披针形，叶长 6~15 cm、宽 1.5~5 cm，花瓣与中萼片黏合呈兜状。少见。

苞舌兰

Spathoglottis pubescens Lindl.

地生草本，假鳞茎扁球形，直径 1~2.5 cm，1~3 片叶顶生，带状披针形，唇瓣中裂片倒卵状楔形，有柄，柄上有 1 对肥厚的附属物。分布于鸡笼山。少见。

绥草

Spiranthes sinensis（Pers.）Ames

地生小草本，叶数片近基生，线状披针形，基部抱茎，花序为密集的总状花序，螺旋状扭曲，花小，紫红色，花序轴、包片、萼片及子房无毛。较少见。

香荚兰

Vanilla planifolia Andrews

肉质藤本，叶椭圆形，厚肉质，先端渐尖，基部略收狭，无毛。分布于鸡笼山。少见。

竹茎兰

Tropidia curculigoides Lindl.

茎丛生，形似竹竿，叶片折扇状，基部收狭成鞘抱茎。分布于鸡笼山。少见。

线柱兰

Zeuxine strateumatica（L.）Schltr.

地生小草本，叶线形或线状披针形，长 2~8 cm，宽 2~6 mm，无叶柄。较少见。

24 仙茅科 Hypoxidaceae

短葶仙茅

Curculigo breviscapa S. C. Chen

大草本，叶长 60~80 cm、宽达 10 cm，花葶长不及 5 cm，头状花序，子房顶端无喙。较少见。

大叶仙茅

Curculigo capitulata（Lour.）Kuntze

大草本，叶长 30~90 cm、宽 5~14 cm，花葶长达 10~30 cm，头状花序。较少见。

仙茅

Curculigo orchioides Gaertn.

小草本，叶线形，长 15~40 cm，宽 0.5~2.5 cm，伞房状总状花序。较少见。

25 鸢尾科 Iridaceae

射干

Belamcanda chinensis（L.）Redouté [*Ixia chinensis* L.]

有根状茎，花橙红色，花被管极短，花柱分枝圆形。较常见。

26 阿福花科 Asphodelaceae

山菅兰

Dianella ensifolia（L.）DC.

多年生草本，叶鞘套叠，浆果球形，熟时蓝色。常见。

萱草

Hemerocallis fulva（L.）L.

花橘红色或橘黄色，花被管长不到 3 cm。逸为野生。较少见。

27 石蒜科 Amaryllidaceae

文殊兰

Crinum asiaticum L. var. **sinicum**（Roxb. ex Herb.）Baker

叶绿色，花茎实心，子房下位，花被裂片线形，宽一般不及 1 cm，顶端渐狭，花被管伸直。较少见。

忽地笑

Lycoris aurea（L'Hér.）Herb.

花黄色，花被管长 1.2~1.5 cm。较少见。

被子植物

67

被子植物

石蒜

Lycoris radiata（L'Hér.）Herb.

花红色，花被管长 0.5 cm。较少见。

28 天门冬科 Asparagaceae

九龙盘

Aspidistra lurida Ker Gawl. [*Aspidistra punctata* Lindl.]

叶狭披针形，宽 3~8 cm，花被上部 6~8 裂，裂片内面有 2~4 条不明显的隆起，花被片淡紫色或紫黑色。少见。

小花蜘蛛抱蛋

Aspidistra minutiflora Stapf

叶线形，宽 1~2.5 cm，花被壶形，长约 5 mm。分布于鸡笼山。少见。

山麦冬

Liriope spicata（Thunb.）Lour.

叶线形，宽 2~4 mm，花葶短于叶，花药长约 1 mm。分布于鸡笼山。较常见。

麦冬

Ophiopogon japonicus（L. f.）Ker Gawl.

无地上茎，有匍匐茎，叶基生，线形，长 10~30 mm，宽 1.5~3 mm，叶柄不明显，花被片长 4~5 mm。逸为野生。较少见。

狭叶沿阶草

Ophiopogon stenophyllus（Merr.）L. Rodr.

有明显的地上茎，无匍匐茎，叶线形，宽 4~12 mm。较常见。

广东沿阶草

Ophiopogon reversus C. C. Huang

无地上茎，叶基生，线形，长 20~50 mm，宽 3~8 mm，叶柄不明显，苞片长达 2 cm，花被片长 6 mm。少见。

大盖球子草

Peliosanthes macrostegia Hance

叶披针状长圆形，总状花序，花单生于苞腋。少见。

被子植物

29 棕榈科 Arecaceae

大咀省藤

Calamus macrorrhynchus Burret

茎直立至半攀援，长 2~4 m 或更长，叶羽状全裂，长 90~100 cm，顶端无纤鞭。较少见。

杖藤

Calamus rhabdocladus Burret

茎连叶鞘直径 4~5 cm，叶无纤鞭，长 2~3 m，裂片 30~40 对，叶鞘疏生针刺，肉穗花序纤鞭状，长达 7 m，果椭圆形，长 10~15 mm。常见。

鱼尾葵

Caryota maxima Blume ex Mart. [*Caryota ochlandra* Hance]

单杆大乔木，高达 20 m，直径 15~26 cm，肉穗花序长达 3 m。常见。

黄藤

Daemonorops jenkinsiana（Griff.）Mart. [*Daemonorops margaritae*（Hance）Becc.]

攀援灌木，花序初生为佛焰苞舟状，分枝短而密，总苞有短柄。较少见。

绿色山槟榔

Pinanga baviensis Becc. [*Pinanga viridis* Burret]

干形如竹竿，背面具淡褐色的鳞片和淡色细柔毛，果纺锤形，长 2 cm。分布于鸡笼山。少见。

棕竹

Rhapis excelsa（Thunb.）A. Henry

丛生灌木，茎干直立，圆柱形，有叶节，上部被叶鞘，但分解成稍松散的马尾状淡黑色粗糙而硬的网状纤维。较常见。

30 鸭跖草科 Commelinaceae

穿鞘花

Amischotolype hispida（Less. & A. Rich.）D. Y. Hong

多年生草本，花序密集成头状，自叶鞘基部处穿鞘而出。较常见。

节节草

Commelina diffusa Burm. f.

草本，茎匍匐，蝎尾状聚伞花序，佛焰苞卵状披针形，顶端渐尖，花蓝色。生于潮湿处。常见。

大苞鸭跖草

Commelina paludosa Blume

植株高大，可达 1 m，总苞片大，长达 2 cm，下缘合生，鞘口密刚毛。少见。

聚花草

Floscopa scandens Lour.

直立草本，花聚生于茎端。少见。

蛛丝毛蓝耳草

Cyanotis arachnoidea C. B. Clarke

植株有基生的丛生叶，叶长 8~35 cm，常密被白色蛛丝状毛。分布于半边山。少见。

裸花水竹叶

Murdannia nudiflora（L.）Brenan

总苞片非鞘状，叶茎生，披针形花紧密，能育雄蕊 2 枚，果每室 2 颗种子，种子有窝孔。较少见。

水竹叶

Murdannia triquetra（Wall. ex C. B. Clarke）G.
Brückn.

花序常单花，退化雄蕊顶端尖。较少见。

31 雨久花科 Pontederiaceae

鸭舌草

Monochoria vaginalis（Burm. f.）C. Presl

多年生水生草本，高 12~35 cm，叶披针形，
长 2~6 cm，宽 1~4 cm，花序有花 2~10 朵。较少见。

32 竹芋科 Marantaceae

柊叶

Phrynium rheedei Suresh & Nicolson

叶枕长 3~7 cm，苞片顶端无刺状尖顶。常见。

33 闭鞘姜科 Costaceae

闭鞘姜

Costus speciosus（J. Koenig）Sm.

叶背密被绢毛，花序从茎端生出，近头状。
少见。

34 姜科 Zingiberaceae

红豆蔻

Alpinia galanga（L.）Willd.

叶长圆形或披针形，长 25~35 cm，宽 6~10 cm，苞片、小苞片相似，宿存，圆锥花序，果长圆形，棕红色或枣红色。较少见。

华山姜

Alpinia oblongifolia Hayata

叶披针形或卵状披针形，长 20~30 cm，宽 3~10 cm，两面无毛，苞片、小苞片相似，早落，狭窄圆锥花序，果球形，直径 5~8 mm。较常见。

山姜

Alpinia japonica（Thunb.）Miq.

叶披针形，长 25~40 cm，宽 4~7 cm，两面特别是背面密被短柔毛，总状花序，果球形或椭圆形，被短柔毛，直径 1~1.5 cm。少见。

花叶山姜

Alpinia pumila Hook. f.

植株矮小，叶片有浅白色花纹，两面无毛。分布于鸡笼山。少见。

艳山姜

Alpinia zerumbet（Pers.）B. L. Burtt & R. M. Sm.

叶披针形，长 30~60 cm，宽 5~10 cm，两面无毛，圆锥花序呈总状式，下垂，花黄色，果球形，直径约 2 cm，被粗毛。较常见。

黄花大苞姜

Caulokaempferia coenobialis（Hance）K. Larsen

[*Monolophus coenobialis* Hance]

小草本，叶披针形，长 5~14 cm，宽 1~2 cm，苞片披针形，长 3~5 cm，花黄色。分布于湿壁上。较常见。

阳春砂仁

Amomum villosum Lour.

叶披针形，长 20~30 cm，宽 3~7 cm，两面无毛，叶舌长 3~5 mm，果皮有长 1~1.5 mm 的软刺，果直径 1.5~2 cm。逸为野生。较少见。

莪术

Curcuma phaeocaulis Valeton

春季开花，叶边缘绿色，中央有紫色带，花序从根状茎抽出，根状茎内黄色。少见。

红球姜

Zingiber zerumbet（L.）Roscoe ex Sm.

叶长圆状披针形，长 15~40 cm，宽 3~8 cm，总花梗直立，苞片红色，唇瓣淡黄色。较常见。

平头谷精草

Eriocaulon truncatum Buch.-Ham. ex Mart.

植株高 15~28 cm，茎直径 6~8 mm，叶长 3~9 cm、宽 0.6~0.8 mm，总花托被毛，雄花萼合生呈佛焰苞状，顶端 3 浅裂。较少见。

35 谷精草科 Eriocaulaceae

36 灯心草科 Juncaceae

华南谷精草

Eriocaulon sexangulare L.

植株高 20~60 cm，茎直径 6.5 mm，雄花萼合生呈佛焰苞状，顶端 3 浅裂。较常见。

灯心草

Juncus effusus L.

叶片退化，仅具叶鞘包围茎基部，茎粗壮，直径 1.5~4 mm，蒴果长圆形，3 室。分布于草塘。较少见。

笄石菖

Juncus prismatocarpus R. Br. [*Juncus leschenaultii* Gay ex Laharpe]

多年生草本，有叶片，总苞片叶状，花序顶生，高 30~50 cm，茎扁平，叶宽 2~3 mm，雄蕊 3 枚。较少见。

37 莎草科 Cyperaceae

球柱草

Bulbostylis barbata（Rottb.）C. B. Clarke

小草本，小穗数个簇生，排成头状花序。较少见。

浆果苔草

Carex baccans Nees

茎中生，茎生叶发达，总苞片叶状，圆锥花序，小穗雌雄顺序排列，果囊成熟时血红色。较少见。

十字苔草

Carex cruciata Wahlenb.

茎中生，茎生叶发达，总苞片叶状，圆锥花序，小穗雌雄顺序排列，果囊成熟时非血红色，雌花鳞片顶端有芒。较常见。

毛叶苔草

Carex cryptostachys Brongn.

茎侧生，单小穗从苞片内生出，排成总状，顶生小穗雄雌顺序排列，柱头 3 枚，小坚果三棱形，棱中部凹缢。少见。

垂穗苔草

Carex dimorpholepis Steud.

秆三棱形，叶背无乳头状凸起，总苞具鞘，顶生小穗雌雄顺序排列，侧生小穗雌性，小穗梗细，小穗下垂。分布于草塘。少见。

蕨状苔草

Carex filicina Nees

茎中生，茎生叶发达，总苞片叶状，圆锥花序，小穗雌雄顺序排列，果囊成熟时非血红色。分布于鸡笼山。少见。

条穗苔草

Carex nemostachys Steud.

茎中生，高 30~80 cm，叶长于茎，宽 4~8 mm，基部折合，苞片长于花序，小穗 5~8 个，侧生小穗雌性，长 5~10 cm，小坚果顶端不呈喙状。较少见。

镜子苔草

Carex phacota Spreng.

秆三棱形，叶背无乳头状凸起，总苞具鞘，顶生小穗雄性，侧生小穗雌性，小穗梗细。较少见。

扁穗莎草

Cyperus compressus L.

一年生草本，茎三棱形，高 5~30 cm，叶较茎短，总苞叶状，比花序长，花序轴有翅，长侧枝简单，具 2~7 伞梗，梗长 12 cm，每伞梗端 3~10 穗状花序。较少见。

三穗苔草

Carex tristachya Thunb.

茎高 20~40 cm，小穗 3~6 个，长 1~4 cm，顶生小穗雄性，雄小穗长圆状线形，鳞片顶端圆，花丝不合生，柱头 3 枚，果囊膜质，被毛，近无喙，花序短于总苞。少见。

砖子苗

Cyperus cyperoides（L.）Kuntze

茎高 30~70 cm，叶较茎短或等长，宽 3~4（~8）mm，小穗线形，长侧枝简单，穗状花序长 2~3.5 cm。较常见。

异型莎草

Cyperus difformis L.

茎三棱形，高 10~40 cm，叶与茎等长，总苞叶状，2~3 片，长侧枝简单，多数小穗聚集呈头状，直径 5~15 mm。较少见。

叠穗莎草

Cyperus imbricatus Retz.

多年生草本，高达 1m，叶宽 4~8 mm，花序圆柱形，小穗螺旋状排列，长 1.5~3 cm，有花 10~30 朵。少见。

畦畔莎草

Cyperus haspan L.

一年生草本，茎三棱形，高 10~40 cm，叶较茎短，总苞叶状，2~3 片，长侧枝复出，具 8~12 伞梗。常见。

碎米莎草

Cyperus iria L.

一年生草本，茎三棱形，高 10~15 cm，总苞叶状，比花序长，花序轴无翅，长侧枝复出，具 4~9 伞梗，梗长 12 cm。较常见。

具芒碎米莎草

Cyperus microiria Steud.

一年生草本，茎三棱形，高 20~50 cm，叶较茎短，总苞叶状，比花序长，花序轴有翅，长侧枝复出，具 5~7 伞梗，梗长 13 cm，每伞梗端多数穗状花序。少见。

香附子

Cyperus rotundus L.

多年生草本，有块茎，茎三棱形，高 10~40 cm，叶比茎短，总苞叶状，比花序长，花序轴无毛，长侧枝简单，具 3~10 伞梗。较常见。

毛轴莎草

Cyperus pilosus Vahl

多年生草本，高 40~80 cm，叶宽 4~8 mm，花序非圆柱形，花序被黄色糙毛，长侧枝复出，具 3~10 伞梗。较常见。

裂颖茅

Diplacrum caricinum R. Br.

秆丛生，先斜升而后直立，细弱，三棱形，高 10~40 cm，无毛，叶线形，长 1~4 cm，宽 1.5~3 mm，柔弱，无毛，叶鞘三棱形，具狭翅，小穗全部单性。较常见。

荸荠

Eleocharis dulcis（Burm. f.）Trin. ex Hensch.

茎丛生，高 20~80 cm，圆柱形，有横隔，鳞片具多脉，小穗长圆柱形，直径 4~6 mm，基部鳞片状小总苞无鞘，下位刚毛 7 条。逸为野生，分布于裂裟田。少见。

两歧飘拂草

Fimbristylis dichotoma（L.）Vahl

茎丛生，高 25~50 cm，叶线形，叶舌为一圈毛，小穗单生。常见。

夏飘拂草

Fimbristylis aestivalis（Retz.）Vahl

一年生草本，茎丛生，三棱形，高 4~20 cm，叶线形，小穗单生，卵形。较常见。

暗褐飘拂草

Fimbristylis fusca（Nees）C. B. Clarke

一年生草本，茎丛生，三棱形，高 20~40 cm，叶线形，长 5~15 cm，总苞叶状，鳞片 1 脉，柱头 3 枚，小坚果三棱状。较常见。

五棱飘拂草

Fimbristylis littoralis Gaudich.

多年生草本，无根状茎，茎四棱形或五棱形，基部的叶鞘无叶片，叶舌为一圈毛，具 8~13 个小穗，鳞片 1 脉，小坚果三棱形。较少见。

黑莎草

Gahnia tristis Nees

复圆锥花序狭而紧缩呈穗状，叶鞘黑色，小坚果黑色。常见。

西南飘拂草

Fimbristylis thomsonii Boeckeler

多年生草本，有根状茎，茎扁三棱形，高 20~70 cm，基部的叶有叶片，叶舌为一圈毛，长侧枝聚伞花序，小穗单生，柱头 3 枚，小坚果三棱形。较少见。

割鸡芒

Hypolytrum nemorum （Vahl）Spreng.

茎中生，最下一片总苞远长于花序，长 15~30 cm。较常见。

被子植物

湖瓜草

Lipocarpha microcephala（R. Br.）Kunth

叶宽 0.7~1.5 mm，穗状花序 2~3 个簇生，淡绿色，小总苞片淡绿色，顶尾状尖，尖头弯曲，小坚果草黄色。较少见。

华擂鼓芳

Mapania wallichii C. B. Clarke

穗状花序 4 个，簇生，宽卵形，长 1.8~2.4 cm，秆高 25~54 cm。分布于鸡笼山。少见。

球穗扁莎

Pycreus flavidus（Retz.）T. Koyama [*Cyperus flavidus* Retz.]

茎高 20~60 cm，叶比茎短，小穗辐射状开展，小穗宽 1~2 mm，鳞片两侧无槽，顶端钝，无尖头。分布于草塘。较少见。

多穗扁莎

Pycreus polystachyos（Rottb.）P. Beauv. [*Cyperus polystachyos* Rottb.]

茎高 20~60 cm，叶比茎短，小穗直立，长侧枝简单，5~8 个伞梗，小穗宽 1~2 mm，鳞片两侧无槽，顶端钝，有尖头。少见。

被子植物

萤蔺

Schoenoplectus juncoides（Roxb.）Palla [*Scirpus juncoides* Roxb.]

丛生草本，高 30~40 cm，茎圆柱形，无叶片，叶鞘长约 12 cm，总苞片 1 片，长 3~15 cm，头状花序，假侧生，下位刚毛 5~6 条，柱头 3 枚。较常见。

纤毛珍珠草

Scleria ciliaris Nees

多年生草本，有根状茎，茎高 18~70 cm，叶宽 6~9 mm，叶舌延伸成长 4~8 mm 的附属物，圆锥花序顶生和侧生，花序上的花多为单性，基部无槽。少见。

圆秆珍珠草

Scleria harlandii Hance

多年生草本，有根状茎，茎圆柱形，高 1 m，叶舌仅有膜边，叶鞘无翅，圆锥花序顶生和侧生，花序上的花多为单性，基部无槽。少见。

珍珠茅

Scleria levis Retz.

多年生草本，叶鞘具较明显的翅，叶舌具髯毛，小坚果基盘裂片披针形，褐色。较常见。

小珍珠茅

Scleria parvula Steud.

一年生草本，无根状茎，高 30~60 cm，小坚果椭圆形，有白色尖头，无毛或被柔毛。少见。

水蔗草

Apluda mutica L.

多年生草本，总状花序单生，退化至仅 1 节。较常见。

38 禾本科 Poaceae

看麦娘

Alopecurus aequalis Sobol.

一年生草本，小穗长 2~3 cm。较常见。

野古草

Arundinella hirta（Thunb.）Tanaka

第二外稃顶端无芒或有小尖头，花序柄及秆上具硬疣毛。较常见。

石芒草

Arundinella nepalensis Trin.

第二外稃顶端具芒，芒刺两侧无刚毛，小穗柄顶无白色长刺毛，圆锥花序长圆形，分枝长不及 9 cm。较少见。

地毯草

Axonopus compressus（Sw.）P. Beauv.

多年生草本，长匍匐枝，秆压扁，节密生灰白色柔毛，总状花序 2~5 枚。常见。

臭根子草

Bothriochloa bladhii（Retz.）S. T. Blake

多年生草本，花序主轴长，总状花序呈圆锥花序状排列，无柄小穗和有柄小穗第一颖背部无纹孔。较少见。

四生臂形草

Brachiaria subquadripara（Trin.）Hitchc.

一年生草本，高 20~60 cm，花序分枝 10 枝以内，小穗单生，狭长圆形或椭圆形，长 3~4 mm。较少见。

硬秆子草

Capillipedium assimile（Steud.）A. Camus

秆质坚硬似小竹，有开展的分枝，叶片线状披针形，常具白粉，有柄小穗较无柄小穗长出 1/2，无柄小穗的第一颖背部扁平。较少见。

细柄草

Capillipedium parviflorum（R. Br.）Stapf

秆质较柔软，单一或具直立贴生的分枝，叶片多为线形，不具白粉，有柄小穗等长或较短于无柄小穗，无柄小穗的第一颖背部具沟槽。分布于裂袈田。较少见。

假淡竹叶

Centotheca lappacea（L.）Desv.

根无膨大的肉质根，叶基部抱茎，小穗有柄，脱节于颖之上，外稃无芒。较少见。

竹节草

Chrysopogon aciculatus（Retz.）Trin.

植株高约 0.5 m，总状花序由顶生 3 个小穗组成，基盘被毛，有柄小穗无芒，小穗柄无毛。较少见。

薏苡

Coix lacryma-jobi L.

　　总苞珐琅质，坚硬，平滑而有光泽，颖果不饱满。较常见。

狗牙根

Cynodon dactylon（L.）Pers.

　　多年生草本，有根状茎，叶线形，长 1~10 cm，宽 1~3 mm，穗状花序 3~5 枚，长 2~6 cm，指状着生。常见。

青香茅

Cymbopogon mekongensis A. Camus [*Cymbopogon caesius*（Nees ex Hook. & Arn.）Stapf]

　　无柄小穗第一颖背部下方有一纵长深沟，植株有香味。分布于大窝田。较少见。

弓果黍

Cyrtococcum patens（L.）A. Camus

　　一年生草本，植株被毛，圆锥花序开展，长 15 cm 以内，直径约 6 cm，小穗柄细长。较常见。

散穗弓果黍

Cyrtococcum patens var. **latifolium**（Honda）Ohwi

[*Cyrtococcum accrescens*（Trin.）Stapf]

　　一年生草本，植株被毛，圆锥花序开展，长约 30 cm，直径 7~15 cm，小穗柄细长。较少见。

双花草

Dichanthium annulatum（Forssk.）Stapf

　　多年生草本，总状花序 2~8 枚指状着生，小穗对紧密，呈覆瓦状排列，基部 1~6 对小穗雄性。较少见。

龙爪茅

Dactyloctenium aegyptium（L.）Willd.

　　一年生草本，花序轴不伸长，在一平面上，牛筋草花序轴伸长而不在一平面上。较少见。

马唐

Digitaria sanguinalis（L.）Scop.

　　一年生草本，叶鞘被毛，孪生小穗同型，第一颖侧脉粗糙。较常见。

紫马唐

Digitaria violascens Link

一年生草本，无长的匍匐茎，3 个小穗簇生，长 1.5~1.8 cm，小穗被柔毛，毛顶端不膨大，第二颖有 3 条脉。较少见。

稗

Echinochloa crus-galli（L.）P. Beauv.

芒长 0.5~1.5 cm，花序分枝柔软。较常见。

光头稗

Echinochloa colona（L.）Link

小穗阔卵形或卵形，顶端急尖或无芒，花序轴上无疣基长刚毛（有时分枝交接处偶有毛 1~2 根），第一颖长为小穗的 1/2。分布于袭裟田。较常见。

孔雀稗

Echinochloa crus-pavonis（Kunth）Schult.

小穗卵状披针形，长 2.5~3 mm，芒长 1~1.5 cm。较少见。

牛筋草

Eleusine indica（L.）Gaertn.

一年生草本，高不及 1 m，穗状花序 2~7 枚，呈指状着生，小穗长 4~7 cm，囊果球形。常见。

长虱画眉草

Eragrostis brownii（Kunth）Nees [*Eragrostis* zeylanica Nees & Meyen]

多年生草本，植株高 15~50 cm，圆锥花序疏松，小穗宽 1.5~2 mm，叶鞘主脉无腺体，花序轴短而硬，基部密生小穗。较少见。

乱草

Eragrostis japonica（Thunb.）Trin.

高 30~100 cm，小花随小穗轴的头节脱落，内稃脊上被长毛，分枝与小穗柄无腺点。较常见。

宿根画眉草

Eragrostis perennans Keng

多年生，秆直立而坚硬，高 50~110 cm，直径 1~3 mm，具 2~3 节，叶鞘质较硬，圆筒形，鞘口密生长柔毛，基部很多叶鞘残存。较少见。

画眉草

Eragrostis pilosa（L.）P. Beauv. [*Eragrostis afghanica* Gand.]

一年生草本，高 10~60 cm，无腺体，叶舌有一圈毛，小穗有 3~14 朵花，第一颖无脉，小花内外稃同时脱落或缩存。较常见。

蜈蚣草

Eremochloa ciliaris（L.）Merr.

丛生小草本，总状花序单生秆顶，无柄小穗有 2 朵花，第一颖顶端两侧无翅。较常见。

假俭草

Eremochloa ophiuroides（Munro）Hack.

植株有延长的匍匐茎，第一颖顶端两侧有翅，无柄小穗第一颖上的脊无短刺。较少见。

鹧鸪草

Eriachne pallescens R. Br.

多年生丛生草本，细而坚硬，无毛，圆锥花序，小穗有 2 朵花。常见。

球穗草

Hackelochloa granularis（L.）Kuntze

　　一年生草本，多分枝，叶两面被疣基毛，总状花序下部藏于叶鞘中。较少见。

水禾

Hygroryza aristata（Retz.）Nees ex Wright & Arn.

　　水生漂浮草本，茎露出水面约 20 cm，叶鞘膨胀，圆锥花序近头状。少见。

距花黍

Ichnanthus pallens（Sw.）Munro ex Benth. var. **major**（Nees）Stieber [*Ichnanthus vicinus*（F. M. Bailey）Merr.]

　　多年生草本，秆匍匐地面生根，叶卵状披针形，长 3~8 cm，宽 1~2.5 cm，圆锥花序。常见。

白茅

Imperata cylindrica（L.）Raeusch. var. **major**（Nees）C. E. Hubb.

　　多年生草本，根状茎横走，多节，被白色鳞片，叶线形，长达 1 m，宽 0.5~2 cm，紧密圆锥花序穗状，常白色。常见。

箬叶竹

Indocalamus longiauritus Hand.-Mazz.

灌木状，叶片大型，长 10~35.5 cm，宽 1.5~6.5 cm。常见。

柳叶箬

Isachne globosa（Thunb.）Kuntze

多年生草本，茎直立，高达 60 cm，叶披针形，长 3~10 cm，宽 3~8 mm，小穗有 2 朵花，第一小花雄性，第二小花雌性，颖具 6~8 脉。常见。

芒穗鸭嘴草

Ischaemum aristatum L.

多年生草本，叶线形，长 5~30 cm，宽 3~10 mm，总状花序孪生，第二小花外稃顶端深裂到中部，芒膝曲状。少见。

粗毛鸭嘴草

Ischaemum barbatum Retz.

多年生草本，叶线形，长 5~30 cm，宽 3~8 mm，总状花序孪生，无柄小穗第一颖有瘤，有 2~4 条横皱纹。较少见。

细毛毛鸭嘴

Ischaemum ciliare Retz. [*Ischaemum indicum* （Houtt.）Merr.]

多年生草本，无根状茎，高不及 60 cm，叶线形，长 5~15 cm，宽 3~10 mm，总状花序孪生，稀 3~4 枚。较常见。

李氏禾

Leersia hexandra Sw.

多年生草本，有匍匐茎，叶披针形，长 5~12 cm，宽 3~6 mm，圆锥花序的分枝无小枝，雄蕊 6 枚。较常见。

虮子草

Leptochloa panicea（Retz.）Ohwi

一年生草本，叶鞘及叶片具疣基的长毛，小穗长 1.4~2 mm，有 2~4 朵花。较常见。

淡竹叶

Lophatherum gracile Brongn.

多年生草本，须根中下部膨大呈纺锤形，叶披针形，长 6~20 cm，宽 1.5~2.5 cm，有横脉，外稃顶端有短芒。常见。

红毛草

Melinis repens（Willd.）Zizka

多年生草本，叶线形，长达 20 cm，宽 2~4 mm，光滑无毛，圆锥花序开展，小穗长约 5 mm，被粉红色绢毛。较常见。

五节芒

Miscanthus floridulus（Labill.）Warb. ex K. Schum. & Lauterb.

花序轴长为花序的 2/3 以上，长于总状花序分枝，雄蕊 3 枚。常见。

蔓生莠竹

Microstegium fasciculatum（L.）Henrard

[*Microstegium vagans*（Nees ex Steud.）A. Camus]

多年生蔓生草本，总状花序轴节间粗短，短于小穗，雄蕊 3 枚，第二外稃芒长 5~8 mm，伸出小穗，膝曲。常见。

芒

Miscanthus sinensis Andersson

花序轴长为花序的 1/2 以下，短于总状花序分枝，雄蕊 3 枚。常见。

类芦

Neyraudia reynaudiana（Kunth）Keng ex Hitchc.

多年生草本，高达 3 m，叶长 20~70 cm、宽 4~10 mm，圆锥花序，小穗的第一小花不育，外稃长 4 mm。较常见。

日本求米草

Oplismenus undulatifolius（Ard.）P. Beauv. var. **japonicus**（Steud.）Koidz.

花序分枝短于 2 cm，叶、叶鞘及花序轴无毛。较常见。

露籽草

Ottochloa nodosa（Kunth）Dandy

多年生草本，秆蔓生，叶基部近心形，圆锥花序，小穗长 2.8~3.2 mm。少见。

小花露籽草

Ottochloa nodosa var. **micrantha**（Balansa ex A. Camus）S. M. Phillips & S. L. Chen

多年生草本，秆蔓生，叶基部近心形，圆锥花序，小穗长 2~2.5 mm。较少见。

被子植物

糠稷

Panicum bisulcatum Thunb.

一年生草本，直立，高达 1 m，叶面被疣基毛，基部圆形，颖果平滑，浆片 3~5 脉，第一颖长为小穗的 1/3~1/2。少见。

藤叶黍

Panicum incomtum Trin.

多年生草本，攀援状，长达数米，叶两面被毛，基部圆形，颖果平滑，浆片 3~5 脉，第一颖长为小穗的 1/2 以上。较少见。

心叶稷

Panicum notatum Retz.

多年生草本，直立，高达 1.2 m，叶常无毛，基部心形，颖果平滑，浆片 3~5 脉，第一颖长为小穗的 1/2 以上。少见。

铺地黍

Panicum repens L. [*Panicum arenarium* Brot.]

多年生草本，有地下茎，高达 1 m，叶面粗糙或被毛，叶背无毛，颖果平滑，浆片多脉，第一颖长为小穗的 1/4 以下。较常见。

两耳草

Paspalum conjugatum P. J. Bergius

小穗长 1.5~1.8 mm，近圆形，总状花序长 6~12 cm，穗轴细软。少见。

圆果雀稗

Paspalum scrobiculatum L. var. **orbiculare**（G. Forst.）Hack. [*Paspalum orbiculare* G. Forst.]

小穗近圆形，长 2~2.2 mm。常见。

双穗雀稗

Paspalum distichum L.

小穗长 3~3.5 mm，椭圆形，总状花序长 3~5 cm，穗轴硬直。较少见。

雀稗

Paspalum thunbergii Kunth

第二颖与第一外稃皆生微柔毛，第一外稃不具短皱纹。常见。

被子植物

狼尾草

Pennisetum alopecuroides Spreng.

草本，高达 1.2 m，秆小，小穗卵状披针形，长 3~4 mm，小穗刚毛粗糙，不呈羽毛状，第二颖长约为小穗的 1/2。较少见。

水芦

Phragmites karka（Retz.）Trin. ex Steud.

大草本，高达 3 m，秆竹状，小穗长 6~10 mm，第一不育外稃明显增长，外稃基盘两侧密被长于稃体的长毛。少见。

芦苇

Phragmites australis（Cav.）Trin. ex Steud.

[*Phragmites communis* Trin.]

大草本，高达 6 m，秆竹状，小穗长 13~20 mm，第一不育外稃不明显增长，外稃基盘被疏毛。较常见。

金丝草

Pogonatherum crinitum（Thunb.）Kunth

植株矮小，高约 20 cm。常见。

金发草

Pogonatherum paniceum（Lam.）Hack.

植株较高大，高为 35 cm 以上。较少见。

棒头草

Polypogon fugax Nees ex Steud.

一年生草本，秆丛生，圆锥花序穗状，长圆形，小穗密集。少见。

托竹

Pseudosasa cantorii（Munro）Keng f. ex S. L. Chen, G. Y. Sheng, Z. D. Zhu & Q. S. Zhao
[*Arundinaria cantorii*（Munro）L. C. Chia ex C. S. Chao & G. Y.Yang]

散生竹类，高 2~4 m，直径 5~10 mm，秆 3 分枝，箨片直立，有叶耳，叶次脉 5~9 对。分布于蝴蝶谷。较少见。

筒轴茅

Rottboellia cochinchinensis（Lour.）Clayton
[*Rottboellia exaltata*（L.）Naezén]

一年生草本，叶鞘被硬刺毛，总状花序圆柱形，花序轴背面圆，无柄小穗两性，嵌入总状花序轴凹穴内。分布于裂裟田。较少见。

被子植物

斑茅
Saccharum arundinaceum Retz.

大草本，高达 6 m，秆较粗大，叶宽 2~2.5 cm，第一颖背部被长于小穗 2~3 倍的白毛，基盘毛等长或短于小穗。分布于龙船坑。较少见。

囊颖草
Sacciolepis indica（L.）Chase

一年生草本，叶线形，宽 2~5 mm，圆锥花序紧密，呈圆筒状，小穗披针形，长 2~2.5 mm。常见。

甜根子草
Saccharum spontaneum L.

大草本，高 1~4 m，秆较细小，叶宽 2~8 mm，花序下有白色丝状毛，第一颖背部无毛，基盘毛远长于小穗。常见。

裂稃草
Schizachyrium brevifolium（Sw.）Nees ex Buse

一年生草本，秆细弱，多分枝，基部常平卧或倾斜，叶片短，顶端钝，总状花序长 0.5~2 cm，细弱。少见。

被子植物

红裂稃草

Schizachyrium sanguineum（Retz.）Alston

植株近红色，叶片线形，顶端渐尖或稍钝，总状花序长 2~8 cm，较粗壮。总状花序轴无毛或疏具短纤毛，顶端具 2 齿状附属物。少见。

棕叶狗尾草

Setaria palmifolia（J. Koenig）Stapf

植株高大，基部直立，叶宽 2~7 cm，鞘被粗疣基毛，圆锥花序疏松，部分小穗下有 1 条刚毛。较少见。

莠狗尾草

Setaria parviflora（Poir.）Kerguélen [*Setaria geniculata* P. Beauv.]

多年生，具多节根茎，叶片质硬，常卷折呈直立状，第一小花内稃比第二小花狭窄，呈披针状，质较厚。较常见。

皱叶狗尾草

Setaria plicata（Lam.）T. Cooke

植株较小，基部倾斜，叶宽 1~3 cm，鞘无疣基毛或有较细的疣毛，圆锥花序疏松，部分小穗下有 1 条刚毛，第二外稃有明显的皱纹。分布于袈裟田。较少见。

金色狗尾草

Setaria pumila（Poir.）Roem. & Schult. [*Setaria glauca*（L.）P. Beauv.]

小穗长 2~2.5 mm，顶端钝，小穗基部具 5~10 条刚毛，第二颖长约为谷粒之半，成熟后小穗微有肿胀。较常见。

稗荩

Sphaerocaryum malaccense（Trin.）Pilg.

小草本，叶卵状，基部心形，叶边被刚毛。较常见。

狗尾草

Setaria viridis（L.）P. Beauv. [*Setaria viridis*（L.）P. Beauv. var. *purpurascens* Peterm.]

圆锥花序圆柱状，顶端稍狭尖或渐尖，每小穗下有 1 至数条刚毛。较常见。

大油芒

Spodiopogon sibiricus Trin.

多年生大草本，高达 1.5 m，叶长 15~30 cm，圆锥花序长 10~20 cm。少见。

鼠尾粟

Sporobolus fertilis（Steud.）Clayton

多年生草本，叶长达 45 cm，圆锥花序分枝较粗大，排列紧密，长 19~44 cm，雄蕊 3 枚。较常见。

阿拉伯黄背草

Themeda triandra Forssk. [*Themeda forskalii*（Kunth）Hack. ex Duthie]

芒长 2~8 cm，茎和叶有长硬毛。较少见。

苞子草

Themeda caudata（Nees）A. Camus

芒长 2~8 cm，茎和叶无毛。较常见。

棕叶芦

Thysanolaena latifolia（Roxb. ex Hornem.）Honda [*Thysanolaena maxima*（Roxb.）Kuntze]

秆竹状，叶大，长 20~50 cm，宽 3~8 cm，圆锥花序大，长达 50 cm。常见。

39 金鱼藻科 Ceratophyllaceae

金鱼藻

Ceratophyllum demersum L.

多年生水生草本，叶 4~12 枚轮生。较常见。

40 木通科 Lardizabalaceae

大血藤

Sargentodoxa cuneata（Oliv.）Rehder & E. H.
Wilson

三出复叶，花单性，小叶菱形，两侧不对称。
生于白云寺附近林中。较常见。

野木瓜

Stauntonia chinensis DC.

叶长圆形、椭圆形或长圆状披针形。分布于
鸡笼山。少见。

倒卵叶野木瓜

Stauntonia obovata Hemsl.

叶倒卵形。分布于鸡笼山。少见。

41 防己科 Menispermaceae

木防己

Cocculus orbiculatus（L.）DC.

木质藤本，叶变化大，掌状 3~5 脉，心皮 6 枚。较常见。

粉叶轮环藤

Cyclea hypoglauca（Schauer）Diels

叶盾状着生，两面无毛，长宽近相等。较少见。

苍白秤钩风

Diploclisia glaucescens（Blume）Diels

全株无毛，掌状 3~7 脉，聚伞花序生于无叶老茎上，花序长 10~20 cm。生于自然林中。较少见。

天仙藤

Fibraurea recisa Pierre

雄蕊 3 枚，花被基部不内折。较少见。

夜花藤

Hypserpa nitida Miers

单雌花腋生，雄蕊 5~6 枚，小枝和叶柄被毛。较少见。

细圆藤

Pericampylus glaucus（Lam.）Merr.

小枝和叶柄被毛，聚伞花序，叶掌状 3~5 脉，种子干后扁平。较常见。

血散薯

Stephania dielsiana Y. C. Wu

叶盾状着生，两面无毛，花序梗顶端无盘状花托，叶长 5~15 cm、宽 4.5~14 cm。较少见。

粪箕笃

Stephania longa Lour.

叶盾状着生，两面无毛，无块根。常见。

被子植物

中华青牛胆

Tinospora sinensis（Lour.）Merr.

落叶木质藤本，叶圆形至卵状圆形，基部心形，两面被毛，无块根念珠状，茎有明显的皮孔。少见。

42 毛茛科 Ranunculaceae

小木通

Clematis armandii Franch.

小叶 3 枚，无毛，全缘，聚伞花序，或圆锥花序状聚伞花序，花萼开展，雄蕊无毛，无退化雄蕊，叶脉明显。生于自然林中。较少见。

厚叶铁线莲

Clematis crassifolia Benth.

小叶 3 枚，全缘，厚革质，花萼开展，雄蕊无毛，叶脉不明显。分布于鸡笼山。少见。

山木通

Clematis finetiana H. Lév. & Vaniot

小叶 3 枚，基部有时单叶，无毛，全缘，花常单生，或为聚伞花序，花萼开展，雄蕊无毛，无退化雄蕊，叶脉明显。生于自然林中。较少见。

甘木通

Clematis loureiroana DC. [*Clematis filamentosa* Dunn*]

　　小叶3枚，无毛，全缘，聚伞花序，花萼开展，雄蕊无毛，退化雄蕊丝状。著名药用植物。较常见。

裂叶铁线莲

Clematis parviloba Gardner & Champ.

　　叶一至二回羽状或二回三出复叶，边缘全缘或有粗锯齿，两面密被柔毛，聚伞花序，有时单花。分布于鸡笼山、白云寺附近。较少见。

毛柱铁线莲

Clematis meyeniana Walp.

　　小叶3枚，无毛，全缘，圆锥花序，花萼开展，雄蕊无毛，无退化雄蕊。较常见。

鼎湖铁线莲

Clematis tinghuensis C. T. Ting

　　小叶3枚，偶有单叶，常无毛，全缘或有粗锯齿，聚伞花序或圆锥花序状聚伞花序，雄蕊无毛。分布于微波站附近。较少见。

还亮草

Delphinium anthriscifolium Hance

　　花两侧对称，总状花序，有距，有 2 枚退化雄蕊。较常见。

43 清风藤科 Sabiaceae

香皮树

Meliosma fordii Hemsl.

　　单叶倒披针形，长 9~18 cm，宽 2.5~5 cm，叶面光亮，背面被疏柔毛，侧脉 10~20 对。生于自然林中。较少见。

笔罗子

Meliosma rigida Siebold & Zucc.

　　单叶倒披针形，长 8~25 cm，宽 2.5~4.5 cm，叶面脉被毛，背面被柔毛，侧脉 9~18 对。较常见。

白背清风藤

Sabia discolor Dunn.

　　聚伞花序，叶背无毛，白苍色。少见。

柠檬清风藤

Sabia limoniacea Wall. ex Hook. f. & Thomson

聚伞花序再组成圆锥状花序，叶背无毛，花萼无毛，果直径 10~14 mm。较常见。

尖叶清风藤

Sabia swinhoei Hemsl.

聚伞花序，叶背被毛。分布于鸡笼山。少见。

44 山龙眼科 Proteaceae

小果山龙眼

Helicia cochinchinensis Lour.

嫩枝、叶及花序无毛，叶长圆形。生于自然林中。少见。

网脉山龙眼

Helicia reticulata W. T. Wang

嫩枝被毛，成长叶两面无毛，叶卵状长圆形或倒卵形。常见。

45 五桠果科 Dilleniaceae

大花第伦桃

Dillenia turbinata Finet & Gagnep.

　　常绿乔木，嫩枝粗壮，有褐色绒毛，叶革质，嫩叶红艳，花大耀眼，果红娇艳。分布于鸡笼山及葫芦潭。少见。

锡叶藤

Tetracera sarmentosa（L.）Vahl [*Tetracera asiatica*（Lour.）Hoogland]

　　藤本，叶两面非常粗糙。常见。

46 蕈树科 Altingiaceae

蕈树

Altingia chinensis（Champ.）Oliv. ex Hance
[*Liquidambar chinensis* Champ. ex Benth.]

　　叶倒卵形，长 7~13 cm，宽 3~4.5 cm，果序有 15~26 颗果。较少见。

枫香树

Liquidambar formosana Hance

　　叶基部心形，托叶离生，萼齿长 4~8 mm，雌花及果有尖锐萼齿及花柱，果序木质。较常见。

47 金缕梅科 Hamamelidaceae

尖水丝梨

Distyliopsis dunnii（Hemsl.）P. K. Endress [*Sycopsis dunnii* Hemsl.]

叶长圆形或倒卵形，长 6~9 cm，宽 2.5~4.5 cm，总状花序，有短花梗。较少见。

杨梅叶蚊母树

Distylium myricoides Hemsl.

嫩枝和顶芽有鳞秕，叶长圆形或长圆状披针形，长 5~11 cm，宽 2~4 cm，上部有齿，顶端锐尖，老时叶背无鳞秕。较少见。

蚊母树

Distylium racemosum Siebold & Zucc.

嫩枝和顶芽有鳞秕，叶椭圆形，长 3~6 cm，宽 1.5~3.5 cm，全缘，老时叶背无鳞秕。较少见。

秀柱花

Eustigma oblongifolium Gardner & Champ.

叶背和嫩枝无毛，叶长圆形。少见。

被子植物

48 虎皮楠科 Daphniphyllaceae

牛耳枫

Daphniphyllum calycinum Benth.

　　灌木或小乔木，叶背和果具白粉，顶端急尖，果基部有宿存萼片。较少见。

虎皮楠

Daphniphyllum oldhamii（Hemsl.）K. Rosenthal

　　乔木，叶常柄绿色，花有萼片，果基部无宿存萼片。较少见。

49 鼠刺科 Iteaceae

鼠刺

Itea chinensis Hook. & Arn.

　　叶倒卵形或卵状椭圆形，基部楔形，边缘具浅圆齿状齿，稀波状或近全缘。常见。

矩形叶老鼠刺

Itea omeiensis C. K. Schneid. [*Itea oblonga* Hand.-Mazz.]

　　叶长圆形，稀椭圆形，基部圆形或钝圆，边缘具明显的密锯齿，侧脉 5~7 对，苞片大，叶状，明显长于花梗。少见。

50 小二仙草科 Haloragaceae

黄花小二仙草

Gonocarpus chinensis（Lour.）Orchard

　　叶长椭圆形或卵状披针形至线状披针形，叶面被紧贴柔毛，花黄绿色或白色。少见。

轮叶狐尾藻

Myriophyllum verticillatum L.

　　水生草本，花淡黄色，花期 4 月。较少见。

51 葡萄科 Vitaceae

小二仙草

Gonocarpus micranthus Thunb.

　　叶卵形或椭圆形，叶面无毛，花红色或紫红色。较常见。

广东蛇葡萄

Ampelopsis cantoniensis（Hook. & Arn.）Planch.

　　叶二回羽状，仅基部 1 对为 3 小叶，小枝、叶柄和花序轴被短柔毛。较常见。

牯岭蛇葡萄

Ampelopsis glandulosa（Wall.）Momiy. var. **kulingensis**（Rehder.）Momiy.

植株被短柔毛或几无毛，叶片显著呈五角形，上部侧角明显外倾。分布于鸡笼山。少见。

显齿蛇葡萄

Ampelopsis grossedentata（Hand.-Mazz.）W. T. Wang

叶二回羽状，仅基部 1 对为 3 小叶，小枝、叶柄和花序轴无毛，小叶边缘有粗齿。少见。

角花乌蔹莓

Cayratia corniculata（Benth.）Gagnep.

小叶 5，指状，中央小叶长椭圆状披针形，花瓣顶端有小角状凸起。较常见。

乌蔹莓

Cayratia japonica（Thunb.）Gagnep.

小叶 5，指状，中央小叶长圆形，长 2.5~4.5 cm，宽 1.5~4.5 cm，叶面无毛，背面稍被微毛。较常见。

被子植物

苦郎藤

Cissus assamica（M. A. Lawson）Craib

枝圆柱形，被丁字形毛，卷须2分枝，叶阔心形，长5~7 cm，宽4~14 cm，顶端急尖，基部心形。较少见。

异叶地锦

Parthenocissus dalzielii Gagnep.

卷须总状，短枝上的3小叶，生长枝上为单叶，单叶不分裂。较少见。

翼茎白粉藤

Cissus pteroclada Hayata

枝具4翅棱，卷须2分枝，叶卵圆形，长5~12 cm，宽4~9 cm，顶端急尖，基部心形。少见。

三叶崖爬藤

Tetrastigma hemsleyanum Diels & Gilg

卷须不分枝，3小叶，小叶披针形，长3~10 cm，宽1.5~3 cm，顶端渐尖，侧生小叶不对称。为较小的藤本。分布于鸡笼山。少见。

扁担藤

Tetrastigma planicaule（Hook. f.）Gagnep.

茎扁平，大，卷须不分枝，5 小叶，中央小叶长圆状披针形，长 9~16 cm，宽 3~6 cm，顶端急尖。常见。

小果葡萄

Vitis balansana Planch.

枝被毛，卷须 2 分枝，叶心状卵形，长 4~14 cm，宽 3.5~9.5 cm，基部心形，两侧裂片分开，果直径 5~8 mm。少见。

葛藟葡萄

Vitis flexuosa Thunb.

枝被毛，卷须 2 分枝，叶卵形或卵圆形，长 2.5~12 cm，宽 2.3~10 cm，基部浅心形，果直径 8~10 mm。生于自然林中。少见。

52 豆科 Fabaceae

毛相思子

Abrus pulchellus subsp. **mollis**（Hance）Verdc. [*Abrus mollis* Hance]

小叶 10~16 对，种子黑褐色或黑色，果长 3.5~5 cm，扁平。较常见。

广州相思子

Abrus pulchellus Wall. ex Thwaites subsp.

cantoniensis（Hance）Verdc.

小叶 7~12 对，种子黑褐色或黄褐色，果长 2.2~3 cm，扁平。较少见。

合萌

Aeschynomene indica L.

枝无毛，奇数小叶 20~30 对，长 5~10 mm，宽 2~3.5 mm。较少见。

海红豆

Adenanthera microsperma Teijsm. & Binn.

[*Adenanthera pavonina* L. var. *microsperma*（Teijsm. & Binn.）I. C. Nielsen]

落叶乔木，羽片 4~7 对，小叶 4~7 对，总状花序，种子红色。较常见。

鼎湖鱼藤

Aganope dinghuensis（P. Y. Chen）T. C. Chen & Pedley [*Derris dinghuensis* P. Y. Chen]

小叶 9 枚，长 10~20 cm，宽 7~11 cm，无毛，顶端渐尖，圆锥花序，被柔毛，旗瓣有附属体，二体雄蕊。少见。

天香藤

Albizia corniculata（Lour.）Druce

攀援灌木，二回复叶，羽片 2~6 对，小叶 4~10 对，中脉居中，总叶柄基部有 1 腺体，叶柄下有刺。常见。

链荚豆

Alysicarpus vaginalis（L.）DC.

叶大，卵状椭圆形。较少见。

猴耳环

Archidendron clypearia（Jack）I. C. Nielsen

乔木，小枝具棱，羽片 3~8 对，小叶对生，3~12 对，两面被毛。较常见。

亮叶猴耳环

Archidendron lucidum（Benth.）I. C. Nielsen

乔木，羽片 1~2 对，小叶互生。常见。

大叶合欢

Archidendron turgidum（Merr.）I. C. Nielsen

小乔木，羽片 1 对，小叶 2~3 对，总叶柄近顶端及羽轴上每对小羽片着生处有 1 腺体。较常见。

龙须藤

Bauhinia championii（Benth.）Benth.

藤本，枝被锈色短柔毛，叶卵形，背面无毛，被白粉，顶端稍裂，裂片圆钝，总状花序。较常见。

红绒毛羊蹄甲

Bauhinia aurea H. Lév.

藤本，枝密被褐色绒毛，叶近圆形，长 12~18 cm，宽 10~16 cm，伞房花序，花白色，果长 16~30 cm，种子 6~11 颗。少见。

首冠藤

Bauhinia corymbosa Roxb. ex DC.

藤本，叶顶端分裂至 2/3~3/4，能育雄蕊 3 枚，退化雄蕊 2~5 枚。少见。

薄叶羊蹄甲

Bauhinia glauca（Wall. ex Benth.）Benth. subsp. **tenuiflora**（Watt ex C. B. Clarke）K. Larsen & S. S. Larsen [*Bauhinia glauca* Wall. subsp. *hupehana* （Craib）T. C. Chen]

叶裂口阔，花玫瑰红色。较少见。

藤槐

Bowringia callicarpa Champ. ex Benth.

攀援灌木，单叶，花白色，果卵形，长 2.5~ 3 cm，种子 1~2 颗，红色。常见。

华南云实

Caesalpinia crista L.

攀援灌木，羽片 2~3 对，小叶 4~6 对，果卵形，无刺，顶端具喙，种子 1 颗。常见。

小叶云实

Caesalpinia millettii Hook. & Arn.

攀援灌木，羽片 7~12 对，小叶 15~20 对，互生，长 7~13 mm，宽 4~5 mm，花黄色，果无刺，种子 1 颗。较常见。

喙荚云实

Caesalpinia minax Hance

攀援灌木，羽片 5~8 对，小叶 6~12 对，托叶锥状，花白色，果有刺，顶具喙，种子 4~8 颗。较少见。

鸡嘴簕

Caesalpinia sinensis（Hemsl.）J. E. Vidal

攀援灌木，羽片 2~3 对，小叶 2 对，果顶具喙，种子 1 颗。少见。

香花崖豆藤

Callerya dielsiana（Harms）P. K. Lôc ex Z. Wei & Pedley [*Millettia dielsiana* Harms]

小叶 2 对，披针形或椭圆形，旗瓣被毛，二体雄蕊，果密被绒毛。常见。

昆明鸡血藤

Callerya reticulata（Benth.）Schot [*Millettia reticulata* Benth.]

小叶 3~4 对，卵状长椭圆形或卵状长圆形，圆锥花序，旗瓣无毛，基部无胼胝体，二体雄蕊，果无毛。较少见。

美丽崖豆藤

Callerya speciosa(Champ. ex Benth.)Schot [*Millettia speciosa* Champ. ex Benth.]

小叶常 6 对，长圆形或椭圆状披针形，圆锥花序，旗瓣基部 2 枚胼胝体，二体雄蕊。较常见。

喙果崖豆藤

Callerya tsui(F. P. Metcalf)Z. Wei & Pedley [*Millettia tsui* F. P. Metcalf]

小叶常 1 对，有时 2 对，阔椭圆形，圆锥花序，旗瓣被毛，基部无胼胝体，二体雄蕊，果顶端有钩喙。较常见。

含羞草决明

Chamaecrista mimosoides（L.）Greene [*Cassia mimosoides* L.]

小叶 20~50 对，长 3~4 mm，叶柄腺体无柄。较常见。

圆叶舞草

Codariocalyx gyroides（Roxb. ex Link）X.Y. Zhu

顶生小叶倒卵形，顶端圆钝或截形果开裂，荚果密被黄色短钩状毛和长柔毛，成熟时沿背缝线开裂。少见。

大猪屎豆

Crotalaria assamica Benth.

单叶，倒披针形，长 5~15 cm，宽 2~4 cm，托叶线形，果长 7~10 mm，种子 6~12 颗。较常见。

假地蓝

Crotalaria ferruginea Graham ex Benth.

单叶，椭圆形，长 2~6 cm，宽 1~3 cm，托叶披针形，果长圆形，种子 20~30 颗。较少见。

长萼猪屎豆

Crotalaria calycina Kurz

茎密被长柔毛，单叶，线状披针形，长 3~12 cm，宽 5~15 mm，托叶线形，果长 1.5 cm，种子 20~30 颗。少见。

线叶猪屎豆

Crotalaria linifolia L. f.

单叶，倒披针形，长 2~5 cm，宽 6~10 mm，托叶细小或无，果长 4~6 mm，种子 6~10 颗。较常见。

猪屎豆

Crotalaria pallida Aiton

小叶 3 枚，椭圆形，长 3~6 cm，宽 1.5~3 cm，花萼被短柔毛，花冠黄色，直径 10 mm，果长圆形，长 3~4 cm。较少见。

凹叶野百合

Crotalaria retusa L.

单叶，长圆形，长 3~8 cm，宽 1~3.5 cm，托叶钻形，果长 3~4 cm，种子 10~20 颗。少见。

农吉利

Crotalaria sessiliflora L.

单叶，线状披针形，长 3~8 cm，宽 5~10 mm，托叶线形，果长 1 cm，种子 10~15 颗。少见。

南岭黄檀

Dalbergia assamica Benth. [*Dalbergia balansae* Prain]

乔木，枝被短柔毛，小叶 13~15 枚，顶端圆钝或微凹，基部圆形，种子 1 颗，有时 2~3 颗。较少见。

两广黄檀

Dalbergia benthamii Prain

攀援灌木，枝无毛，小叶 3~7 枚，顶端微凹，基部楔形，果有种子 1~2 颗。少见。

斜叶黄檀

Dalbergia pinnata（Lour.）Prain

藤本，枝被短柔毛，小叶 21~41 枚，基部极不对称。较少见。

藤黄檀

Dalbergia hancei Benth.

攀援灌木，枝疏被柔毛，小叶 7~13 枚，顶端圆钝或微凹，基部圆形，果常 1 颗种子，稀 2~4 颗。较常见。

白花鱼藤

Derris alborubra Hemsl.

小叶 3~5 枚，顶端圆钝或微凹，圆锥花序，被锈色短绒毛，旗瓣无附属体，花白色，单体雄蕊，果长 2~5 cm。分布于大旗山。较少见。

大叶山蚂蝗

Desmodium gangeticum（L.）DC.

单小叶。较常见。

显脉山绿豆

Desmodium reticulatum Champ. ex Benth.

灌木，小叶 3 枚，顶生小叶卵形或卵状椭圆形，长 3~5 cm，宽 1~2 cm，花冠红色，后变蓝色。较常见。

假地豆

Desmodium heterocarpon（L.）DC.

灌木，小叶 3 枚，小叶倒卵形，总状花序较短，花极稠密，果成熟后依然不开裂。较常见。

三点金

Desmodium triflorum（L.）DC.

匍匐草本，小叶 3 枚，不木质化，常 1 朵花单生或 2~3 朵簇生，小叶同形。较常见。

圆叶野扁豆

Dunbaria rotundifolia（Lour.）Merr. [*Dunbaria punctata*（Wight & Arn.）Benth.]

藤本，小叶 3 枚，顶生小叶圆菱形，长宽近相等，两面近无毛，子房及果无柄。较常见。

格木

Erythrophleum fordii Oliv.

大乔木，二回复叶，小叶互生，花小，果长圆形。国家 II 级重点保护野生植物。较常见。

榼子藤

Entada phaseoloides（L.）Merr.

木质大藤本，顶生 1 对羽片变为卷须，羽片有小叶 1~2 对，豆荚大，种子扁圆形。较少见。

大叶千斤拔

Flemingia macrophylla（Willd.）Kuntze ex Merr.

小叶 3 枚，小叶宽 4~7 cm，顶端渐尖。较常见。

干花豆

Fordia cauliflora Hemsl.

灌木，小叶达 25 枚，茎生花，果镰刀状。较少见。

细长柄山蚂蝗

Hylodesmum leptopus（A. Gray ex Benth.）H. Ohashi & R. R. Mill

叶背有苍白色的小块状斑痕，荚节斜三角形。少见。

假蓝靛

Indigofera suffruticosa Mill.

茎被丁字形毛，小叶 11~19 枚，对生，两面被丁字形毛，种子 6~8 颗。较少见。

鸡眼草

Kummerowia striata（Thunb.）Schindl.

草本，小叶 3 枚，花单生或 2~3 朵簇生，果倒卵形，长 3.5~5 mm。较常见。

截叶铁扫帚

Lespedeza cuneata（Dum. Cours.）G. Don

小叶长 1~3 cm、宽 2~5 mm，顶端截平，具小尖头，背面密被平伏毛，花序比叶短，花黄白色或白色，果长 2.5~3.5 mm。较少见。

银合欢

Leucaena leucocephala（Lam.）de Wit

无刺小乔木，羽片 4~8 对，小叶 5~15 对，羽轴最下羽片着生处有 1 腺体，头状花序。逸为野生。较常见。

海南崖豆藤

Millettia pachyloba Drake

小叶 4 对，倒卵状长圆形，圆锥花序，旗瓣被毛，二体雄蕊。较常见。

含羞草

Mimosa pudica L.

草本，羽片 2 对，小叶 10~20 枚，雄蕊 4 枚，果被毛。常见。

白花油麻藤

Mucuna birdwoodiana Tutcher

大藤本，花大白色，成串下垂，果无皱褶，长 30~45 cm。常见。

小槐花

Ohwia caudata（Thunb.）H. Ohashi

小叶 3 枚，叶柄两侧有窄翅。少见。

常春油麻藤

Mucuna sempervirens Hemsl.

顶生小叶椭圆形，长 8~15 cm，宽 3.5~6 cm，花深紫色，果两面无皱褶，长 30~60 cm，宽 3~3.5 cm。较少见。

肥荚红豆

Ormosia fordiana Oliv.

嫩枝密被锈色柔毛，小叶 7~9 枚，果瓣无隔膜，果近无毛，种子 1~4 颗，长 2 cm 以上。较常见。

光叶红豆

Ormosia glaberrima Y. C. Wu

枝无毛，小叶 5~7 枚，顶端急尖，果瓣有隔膜，种子 1~4 颗，红色。常见。

海南红豆

Ormosia pinnata（Lour.）Merr.

嫩枝被短柔毛，后无毛，小叶常 7 枚，顶端渐尖，果瓣有隔膜，种子 1~4 颗，红色。较常见。

茸荚红豆

Ormosia pachycarpa Champ. ex Benth.

枝、叶、花及果密被灰白毡毛，小叶 5~7 枚，果瓣无隔膜，种子 1~2 颗。较少见。

软荚红豆

Ormosia semicastrata Hance

枝密被黄褐色柔毛，小叶 3~11 枚，果瓣无隔膜，果光亮，果柄长 2~3 mm，种子 1 颗，红色。分布于鸡笼山。少见。

被子植物

135

木荚红豆

Ormosia xylocarpa Chun ex Merr. & H. Y. Chen

枝密被贴生黄褐色短柔毛，小叶 5~7 枚，顶端急尖，果瓣有隔膜，种子 1~5 颗，红色。分布于鸡笼山和飞水潭附近。较少见。

排钱树

Phyllodium pulchellum（L.）Desv.

顶生小叶比侧生的长 1 倍，小叶上面无毛。少见。

毛排钱树

Phyllodium elegans（Lour.）Desv.

亚灌木，顶生小叶比侧生的长 1 倍，小叶两面被毛。较常见。

野葛

Pueraria montana（Lour.）Merr. [*P. lobata*（Willd.）Ohwi var. *montana*（Lour.）Maesen]

小叶常 3 裂，托叶基部着生，花萼长 8~10 mm，旗瓣长 10~18 mm，果扁平，宽 8~11 mm。常见。

葛麻姆

Pueraria montana var. **lobata**（Willd.）Maesen & S. M. Almeida ex Sanjappa & Predeep [*Pueraria lobata*（Willd.）Ohwi]

小叶常全缘，托叶基部着生，花萼长 8 mm，旗瓣直径 8 mm，果扁平，宽 6~8 mm。少见。

密子豆

Pycnospora lutescens（Poir.）Schindl.

草本，全株被毛，小叶 3 枚，顶生小叶较大，二体雄蕊，果长 6~10 mm，有横脉纹。少见。

三裂叶野葛

Pueraria phaseoloides（Roxb.）Benth.

托叶盾状着生，果圆柱形。较常见。

鹿藿

Rhynchosia volubilis Lour.

顶生小叶菱形，长 3~8 cm，宽 3~5.5 cm，两面被柔毛，背面有腺体。较少见。

望江南

Senna occidentalis（L.）Link [*Cassia occidentalis* L.]

小叶 4~5 对，小叶较大。较少见。

决明

Senna tora（L.）Roxb. [*Cassia tora* L.]

草本，小叶 3 对，叶轴上每小叶间有 1 腺体，果近四棱形。较常见。

田菁

Sesbania cannabina（Retz.）Poir.

一年生草本，小叶 20~30 对，宽 2.5~4 mm，叶轴无刺，花序有花 2~6 朵，花长不及 2 cm，果宽约 3 mm。逸为野生。较常见。

葫芦茶

Tadehagi triquetrum（L.）H. Ohashi

茎直立，花萼长 3 mm，果无网脉。较常见。

狸尾豆

Uraria lagopodioides（L.）DC.

小叶 3 枚，较小，总状花序。较少见。

53 远志科 Polygalaceae

金不换

Polygala chinensis L. [*Polygala glomerata* Lour.]

草本，花萼果时宿存，内面 2 片萼片斜倒卵状长圆形，叶椭圆形或线状长圆形，宽 10~15 mm。较常见。

丁癸草

Vigna vexillata（L.）A. Rich. [*Zornia gibbosa* Span.*]

托叶基部着生，基部 2 裂，叶卵状披针形，长 4~9 cm，宽 2~2.5 cm。较常见。

黄花倒水莲

Polygala fallax Hemsl.

灌木，果扁球形，具翅。生于阴湿处。较常见。

岩生远志

Polygala latouchei Franch.

亚灌木，花龙骨瓣脊上有附属物，叶倒卵状椭圆形或倒披针形，长 4~10 cm，宽 2~4 cm。分布于鸡笼山。少见。

蝉翼藤

Securidaca inappendiculata Hassk.

叶背被白色短柔毛，顶端急尖。较常见。

莎萝莽

Salomonia cantoniensis Lour.

茎具狭翅，叶心形，有短柄。较少见。

黄叶树

Xanthophyllum hainanense H. H. Hu

乔木，高 5~20 m，树皮暗灰色，具细纵裂，叶片革质，卵状椭圆形至长圆状披针形。生于自然林中。常见。

54 蔷薇科 Rosaceae

小花龙芽草

Agrimonia nipponica Koidz. var. **occidentalis**
Skalický ex J. E. Vidal

叶背脉上疏被长硬毛，花直径 4~5 mm，果直径 2~2.5 mm。较少见。

蛇莓

Duchesnea indica（Andrews）Teschem. [*Potentilla indica*（Andrews）Th. Wolf]

托叶狭卵形至宽披针形，长 5~8 mm，花梗长 3~6 cm，花瓣长 5~10 mm，果光滑。常见。

龙芽草

Agrimonia pilosa Ledeb.

茎下部被柔毛，叶面与叶背脉上疏被柔毛，花直径 6~9 mm，果直径 3~4 mm。少见。

香花枇杷

Eriobotrya fragrans Champ. ex Benth.

叶片中部以上有齿，花瓣基部被绒毛，子房被毛，果被绒毛。分布于鸡笼山。少见。

腺叶桂樱

Lauro-cerasus phaeosticta（Hance）C. K. Schneid.

小枝无毛，叶背有腺点，边全缘，基部有2腺体。少见。

大叶桂樱

Lauro-cerasus zippeliana（Miq.）Browicz

叶大，长10~19 cm，宽4~8 cm，叶两面无毛，叶背无腺点，边缘锯齿，叶柄有2腺体，果椭圆形。较少见。

尖嘴林檎

Malus doumeri（Bois）A. Chev.

叶边缘钝齿，雄蕊比花瓣稍短，果直径2~3 cm。分布于鸡笼山。少见。

中华石楠

Photinia beauverdiana C. K. Schneid.

叶背中脉疏被柔毛，侧脉9~14对，叶柄长5~10 mm，总花梗和花梗无毛，被疣点。少见。

闽粤石楠

Photinia benthamiana Hance

叶初时两面被白色长柔毛，后变无毛，侧脉 5~8 对，叶柄长 3~10 mm，被绒毛，总花梗和花梗轮生，密被柔毛。较常见。

李

Prunus salicina Lindl.

花梗长 1~2 cm，果球形或卵形，具明显纵槽，核有皱纹。逸为野生。少见。

桃叶石楠

Photinia prunifolia（Hook. & Arn.）Lindl.

叶两面无毛，叶椭圆形，侧脉 10~15 对，叶背密被疣点。常见。

臀形果

Pygeum topengii Merr.

叶椭圆形，背面被柔毛，果肾形。常见。

石斑木

Rhaphiolepis indica（L.）Lindl. ex Ker Gawl.

小乔木，叶面无毛，背面疏被绒毛。花白色而带淡红色。较常见。

广东蔷薇

Rosa kwangtungensis T. T. Yu & H. T. Tsai

叶较小，边缘具细齿，托叶有锯齿，宿存，叶两面和托叶被柔毛，伞房花序，花柱合生。较少见。

柳叶石斑木

Rhaphiolepis salicifolia Lindl.

叶披针形或长圆状披针形，长 6~9 cm，宽 1.5~2.5 cm，叶两面无毛，叶柄长 5~10 mm，花梗和总花梗被柔毛。分布于鸡笼山。少见。

金樱子

Rosa laevigata Michx.

托叶脱落，花大，直径 5~8 cm，花单生，花梗有刺，果有刺。较常见。

粗叶悬钩子

Rubus alceifolius Poir.

攀援灌木，枝被锈色绒毛和小钩刺，单叶，边不规则 3~7 裂，叶面被粗毛和泡状凸起，托叶大，羽状深裂。常见。

茅莓

Rubus parvifolius L.

攀援灌木，枝密被柔毛和小钩刺，小叶 3 枚，小叶卵形，花单生或圆锥花序，花紫红色，子房被毛，但非 5 小叶。较常见。

山莓

Rubus corchorifolius L. f.

灌木，小枝后无毛，具刺，单叶，叶面脉被毛，不育枝叶常 3 裂，托叶与叶轴合生，花单生或数朵生于短枝，白色，花梗被毛，花萼外面无毛。较常见。

梨叶悬钩子

Rubus pyrifolius Sm.

攀援灌木，小枝被粗毛，具刺，单叶，卵形，两面脉上被柔毛，后渐脱落，圆锥花序，白色。较少见。

锈毛莓

Rubus reflexus Ker Gawl.

攀援灌木，枝密被锈色绒毛，有钩刺，单叶，近圆形，3~5 浅裂，叶面脉上被毛，花白色，子房无毛。较常见。

浅裂锈毛莓

Rubus reflexus var. **hui**（Diels ex H. H. Hu）F. P. Metcalf

攀援灌木，枝密被锈色绒毛，有钩刺，单叶，叶心状阔卵形或近圆形，长 8~13 cm，宽 7~12 cm，裂片急尖。较少见。

深裂锈毛莓

Rubus reflexus var. **lanceolobus** F. P. Metcalf

攀援灌木，枝密被锈色绒毛，有钩刺，单叶，叶边缘 3~5 深裂。较少见。

空心泡

Rubus rosifolius Sm.

灌木，枝无毛或被毛，有黄色腺点，小叶 5~7 枚，小叶卵状披针形，被柔毛，花白色，花梗和萼片被柔毛和腺点。较常见。

被子植物

55 胡颓子科 Elaeagnaceae

蔓胡颓子
Elaeagnus glabra Thunb.

有时有棘刺，叶椭圆形，长 5~12 cm，宽 5 cm，花多呈总状花序，萼筒长 5~8 mm。少见。

角花胡颓子
Elaeagnus gonyanthes Benth.

叶椭圆形，长 4~14 cm，宽 2~2.5 cm，背面红色，花单生或数朵生，萼筒长 4~6 mm。较少见。

56 鼠李科 Rhamnaceae

多花勾儿茶
Berchemia floribunda（Wall.）Brongn.

叶卵形或卵状椭圆形，长 5~8 cm，宽 3~5 cm，顶端急尖，侧脉 9~11 对，柄长 1~2 cm。较常见。

铁包金
Berchemia lineata（L.）DC.

叶椭圆形，长 1~2 cm，宽 4~15 mm，顶端圆钝，侧脉 4~5 对，柄长 1~2 mm。较常见。

被子植物

枳椇

Hovenia acerba Lindl.

嫩枝、叶柄、花序轴及花梗被短柔毛，花萼和果无毛。果可食。较少见。

薄叶鼠李

Rhamnus leptophylla C. K. Schneid.

有短枝，被短粗毛，叶卵形或椭圆形，长 3~8 cm，宽 2~5 cm，叶疏被柔毛。较少见。

山绿柴

Rhamnus brachypoda C. Y. Wu ex Y. L. Chen & P. K. Chou

有短枝，具枝刺，被短柔毛，叶长圆形，长 3~10 cm，宽 1.5~4.5 cm，老叶背无毛。少见。

皱叶鼠李

Rhamnus rugulosa Hemsl.

有短枝，具枝刺，被短柔毛，叶互生，倒卵形，长 3~10 cm，宽 2~6 cm，叶面密被短柔毛，背面密被绒毛，面脉凹陷。少见。

亮叶雀梅藤

Sageretia lucida Merr.

叶长圆形，长 6~12 cm，宽 2.5~4 cm，两面无毛或背脉腋被毛，柄长 5~12 mm，花无梗，花序轴长 2~3 cm，无毛或疏被短柔毛。少见。

雀梅藤

Sageretia thea（Osbeck）M. C. Johnst.

叶圆形或椭圆形，叶面无毛，背面被绒毛，柄长 2~7 mm，花无梗，花序轴长 2~5 cm，密被绒毛。较少见。

翼核果

Ventilago leiocarpa Benth.

攀援灌木，果有翅。较少见。

滇刺枣

Ziziphus mauritiana Lam.

有托叶刺，叶近圆形或卵圆形，叶柄被锈色绒毛，果球形或椭圆形，长 1.5 cm。较少见。

57 大麻科 Cannabaceae

朴树

Celtis sinensis Pers.

落叶乔木，叶纸质，干时褐色，中部以上有齿，果直径 5 mm，柄长 5~10 mm。常见。

白颜树

Gironniera subaequalis Planch.

托叶大，叶粗糙，羽状脉，雌雄异株，聚伞花序，核果卵形，熟时橙黄色。常见。

狭叶山黄麻

Trema angustifolia（Planch.）Blume

叶狭小，长 4~8 cm，宽 8~20 mm，基部圆钝，背密被短柔毛。较常见。

光叶山黄麻

Trema cannabina Lour.

叶长 4~10 cm、宽 1.8~4 cm，基部圆钝或微心形，叶面疏被毛，背面近无毛或疏被毛。常见。

被子植物

山油麻

Trema cannabina var. **dielsiana**（Hand.-Mazz.）C. J. Chen

叶长 3~10 cm、宽 1.5~5 cm，基部圆钝或微心形，叶面被粗毛，背面疏被毛。少见。

异色山黄麻

Trema orientalis（L.）Blume

叶长 6~18 cm、宽 3~8 cm，基部心形，背密被银灰色长柔毛。较常见。

58 桑科 Moraceae

二色波罗蜜

Artocarpus styracifolius Pierre

叶椭圆形，长 3.5~12.5 cm，宽 1.5~3.5 cm，背面被毛，果直径 4 cm。较常见。

胭脂

Artocarpus tonkinensis A. Chev.

叶倒卵状椭圆形，长 8~27 cm，宽 3~11 cm，背面被开展疏柔毛，果直径 6.5 cm。较常见。

被子植物

葡蟠

Broussonetia kaempferi Siebold var. **australis** T. Suzuki

藤本，雌雄异株。较常见。

水蛇麻

Fatoua villosa（Thunb.）Nakai

草本，紧密的聚伞花序，雌雄同序。较常见。

构树

Broussonetia papyrifera（L.）L' Hér. ex Vent.

乔木。常见。

天仙果

Ficus erecta Thunb.

叶椭圆状倒卵形，长 6~22 cm，宽 3~13 cm，叶面稍粗糙，两侧不对称，基部心形，果球形，直径 5~20 mm。较少见。

黄毛榕

Ficus esquiroliana H. Lév. [*Ficus fulva* Reinw.]

　　乔木，叶阔卵形，长 10~27 cm，宽 8~25 cm，果着生叶腋内，叶背面及果密被黄色绒毛。常见。

山榕

Ficus heterophylla L. f.

　　灌木，叶变化大，椭圆形，长 3.5~10 cm，宽 1~5 cm，基部不对称，不分裂或不等裂，果直径 8~14 mm。分布于天湖一带。较少见。

水同木

Ficus fistulosa Reinw. ex Blume

　　叶长圆形，长 7~32 cm，宽 3~19 cm，果簇生于茎干上，近球形，直径 1~1.5 cm，成熟时橘红色。较常见。

粗叶榕

Ficus hirta Vahl

　　灌木，全株被粗硬毛，叶互生，卵形，不裂至 3~5 裂。常见。

对叶榕

Ficus hispida L. f.

小乔木，叶对生。常见。

青藤公

Ficus langkokensis Drake

叶椭圆状披针形，3 出脉，长 7~19 cm，宽 2~7 cm，基部不对称，果直径 5~12 mm，柄长 5~20 mm。分布于鸡笼山。少见。

榕树

Ficus microcarpa L. f.

乔木，常有气生根，叶椭圆形，长 3.5~10 cm，宽 2~5.5 cm，果无柄。常见。

九丁榕

Ficus nervosa B. Heyne ex Roth

大乔木，常有板根，叶椭圆形，长 6~15 cm，宽 2~7 cm，叶脉明显凸起。常见。

被子植物

琴叶榕

Ficus pandurata Hance

叶提琴形，长 3~15 cm，宽 1.2~6 cm，果梨形，直径 6~10 mm。较少见。

薜荔

Ficus pumila L.

藤本，叶卵状椭圆形，长 4~12 cm，宽 1.5~4.5 cm，果倒锥形，大，直径 3~4 cm。较常见。

梨果榕

Ficus pyriformis Hook. & Arn.

叶倒披针形，长 4~17 cm，宽 1~5 cm，顶端尾尖，背面无毛，有小腺点，果梨形，肉质，直径 1~2 cm。较常见。

羊乳榕

Ficus sagittata Vahl

藤本，叶倒卵形，长 6~24 cm，宽 3~12.5 cm，基部心形，果球形，直径 1~1.5 cm。较常见。

竹叶榕

Ficus stenophylla Hemsl.

叶线状披针形，长 4~15 cm，宽 5~18 mm，边脉联结，果直径 5~10 mm。较少见。

笔管榕

Ficus subpisocarpa Gagnep.

落叶乔木，叶长圆形，长 6~15 cm，宽 2~7 cm，总花梗长 2~5 mm，果直径 5~8 mm。较常见。

假斜叶榕

Ficus subulata Blume

叶长圆形或椭圆形，长 7~21 cm，宽 2.5~9 cm，基部不对称，侧脉 7~9 对，果直径 5~10 mm。较少见。

变叶榕

Ficus variolosa Blume

叶椭圆形，长 4~15 cm，宽 1.2~5.7 cm，边脉联结，果直径 5~15 mm。常见。

黄葛树

Ficus virens Dryand. [*Ficus virens* Dryand. var. *sublanceolata*（Miq.）Corner]

落叶乔木，叶长圆形，长 6~15 cm，宽 2~7 cm，无总花梗，果直径 5~8 mm。较常见。

59 荨麻科 Urticaceae

舌柱麻

Archiboehmeria atrata（Gagnep.）C. J. Chen

亚灌木，3 基出脉，叶基不偏斜，托叶合生。较常见。

葨芝

Maclura cochinchinensis（Lour.）Corner

叶不裂，无毛，茎枝有锐刺。较常见。

糙叶水苎麻

Boehmeria macrophylla Hornem. var. **scabrella**（Roxb.）D. G. Long

叶粗糙，干后紫红色，具泡状体，长 5~8 cm，宽 2~5 cm。较常见。

苎麻

Boehmeria nivea（L.）Gaudich.

叶互生，卵圆形或阔卵形，叶背灰白色，被白色绵毛，团伞花序排成圆锥花序状，花序顶无小叶。较常见。

水苎麻

Boehmeria penduliflora Wedd. ex D. G. Long

[*Boehmeria macrophylla* Hornem.]

叶对生，同对不等大，卵形或椭圆状卵形，长 6~13 cm，宽 3~7 cm，顶端渐尖或微心形，中上部边有锯齿，花序串珠状。较常见。

多序楼梯草

Elatostema macintyrei Dunn

亚灌木，叶斜长圆状椭圆形，长 10~20 cm，宽 5~7 cm，叶柄长 3~10 mm，侧脉 3~4 对，花序数个腋生。较少见。

曲毛楼梯草

Elatostema retrohirtum Dunn

匍匐草本，叶斜椭圆形，长 3~6 cm，宽 1.5~3 cm，近无叶柄，侧脉 3~4 对，中部以上有锯齿。较常见。

被子植物

糯米团

Gonostegia hirta（Blume）Miq.

匍匐草本，叶对生，线状披针形，全缘。较常见。

毛花点草

Nanocnide lobata Wedd.

草本，有刺毛，叶互生，三角状卵形，托叶卵形。常见。

紫麻

Oreocnide frutescens（Thunb.）Miq.

枝被短柔毛，叶卵状长圆形，长 5~17 cm，宽 1.5~7 cm。少见。

华南赤车

Pellionia grijsii Hance

草本，茎密被粗毛，叶斜长椭圆形，长 10~16 cm，宽 3~6 cm，顶端渐尖，不对称，柄长 1~4 mm。较少见。

赤车

Pellionia radicans（Siebold & Zucc.）Wedd.

　　匍匐草本，叶斜狭卵形，长 2~5 cm，宽 1~2 cm，顶端急尖，不对称，边缘波状齿，柄长 1~4 mm。较常见。

小叶冷水花

Pilea microphylla（L.）Liebm.

　　肉质小草本，叶同对不等大，倒卵形，长 5~20 mm，宽 2~5 mm。常见。

蔓赤车

Pellionia scabra Benth.

　　亚灌木状，叶斜菱状披针形，长 2~8 cm，宽 1~3 cm，不对称，柄长 1~3 mm。少见。

雾水葛

Pouzolzia zeylanica（L.）Benn. & R. Br.

　　上面被毛，常对生。常见。

藤麻

Procris crenata C. B. Rob. [*Procris wightiana* Wall. ex Wedd.]

草本，茎肉质，异型叶对生，一片正常，一片退化。少见。

60 壳斗科 Fagaceae

米槠

Castanopsis carlesii（Hemsl.）Hayata

叶小，披针形，长 4~12 cm，宽 1~3.5 cm，壳斗近球状，果无刺，每壳斗 1 坚果。较常见。

锥（桂林锥）

Castanopsis chinensis Hance

枝无毛，叶披针形，长 7~18 cm，宽 2~5 cm，边缘中部以上具尖锯齿。常见。

甜槠

Castanopsis eyrei（Champ. ex Benth.）Tutcher

枝无毛，叶卵形或卵状披针形，长 5~10 cm，宽 2~3.5 cm，叶不对称，边全缘或顶部 1~2 齿，果刺长。分布于鸡笼山及龙川坑。少见。

罗浮栲

Castanopsis faberi Hance [*Castanopsis hickelii* A. Camus]

叶上部具锯齿，背面有红褐色鳞秕，每壳斗 2~3 坚果，果无毛。较少见。

川鄂栲

Castanopsis fargesii Franch.

枝被铁锈色毛，无皮孔，叶狭椭圆形，顶端常有齿，长 6.5~8 cm，宽 1.8~3.5 cm，叶背被鳞秕。分布于鸡笼山。少见。

黧蒴

Castanopsis fissa（Champ. ex Benth.）Rehder & E. H. Wilson

叶大，长 11~23 cm，宽 5~9 cm，侧脉 15~20 对，果无刺。常见。

南岭栲

Castanopsis fordii Hance

叶长圆形，长 9~14 cm，宽 3~7 cm，背密被长毛，边全缘。分布于鸡笼山。少见。

红锥

Castanopsis hystrix Hook. f. & Thomson ex A. DC.

枝被淡褐色毛，具皮孔，叶狭椭圆形，长 4~9 cm，宽 1.5~2.5 cm，背被鳞秕，果刺长尖。较少见。

鹿角锥

Castanopsis lamontii Hance

叶近全缘，顶端稀有锯齿，叶长圆形，长 12~20 cm，宽 3~8 cm，每壳斗 2~3 坚果，果被毛。分布于鸡笼山。少见。

饭甑青冈

Cyclobalanopsis fleuryi（Hickel & A. Camus）Chun ex Q. F. Zheng [*Quercus fleuryi* Hickel & A. Camus]

叶长椭圆形或卵状长椭圆形，长 10~22 cm，宽 3.5~9 cm，全缘，柄长 2~5 cm，壳斗杯状，包裹果达 2/3。分布于鸡笼山。少见。

细叶青冈

Cyclobalanopsis gracilis（Rehder & E. H. Wilson）W. C. Cheng & T. Hong [*Quercus gracilis*（Rehder & E. H. Wilson）Wuzhi]

嫩枝被毛，叶长卵形或卵状披针形，长 3.5~9.5 cm，宽 1.5~4 cm，顶端有锯齿，背面被毛，壳斗碗状，包裹果近 1/2，果椭圆形。少见。

被子植物

雷公青冈

Cyclobalanopsis hui（Chun）Chun ex Y. C. Hsu & H. Wei Jen [*Quercus hui* Chun]

嫩枝被卷曲毛，叶长圆形或倒披针形，长 3.5~8 cm，宽 1.3~3 cm，壳斗碟状，包裹果近 1/2，密被黄褐色绒毛，有 4~6 条同心环带，环带边缘呈小齿状，果扁球形。较常见。

毛果青冈

Cyclobalanopsis pachyloma（Seemen）Schottky [*Quercus pachyloma* Seemen]

嫩枝被星状毛，叶倒卵状长圆形，长 4~18 cm，宽 1.3~7 cm，中部以上有锯齿，幼时被卷曲毛，壳斗杯状，包裹果 1/2~2/3，果椭圆形。分布于鸡笼山。少见。

烟斗柯

Lithocarpus corneus（Lour.）Rehder

嫩枝被短柔毛，叶椭圆形或卵形，长 4~20 cm，宽 1.5~7 cm，中部以上边缘有齿，壳斗半球形。较少见。

耳柯

Lithocarpus haipinii Chun

叶边缘明显背卷，嫩枝被长柔毛，叶阔椭圆形，中脉凹陷。分布于鸡笼山。少见。

硬壳柯

Lithocarpus hancei（Benth.）Rehder

　　嫩枝被长柔毛，叶厚革质，椭圆形或披针形，长 8~14 cm，宽 2.5~5 cm，缘全或上部 2~4 浅齿，壳斗浅碗形，包裹果下部。较少见。

挺叶柯

Lithocarpus ithyphyllus Chun ex Hung T. Chang

　　乔木，高可达 15 m，当年生枝有明显的纵沟棱，枝叶无毛，叶硬革质，狭长。生于自然林中。少见。

木姜叶柯

Lithocarpus litseifolius（Hance）Chun

　　叶有甜味，枝无毛，叶椭圆形，长 9~12 cm，宽 2.5~3.5 cm，全缘，壳斗碟形，包坚果底部。分布于鸡笼山。少见。

61 杨梅科 Myricaceae

毛杨梅

Myrica esculenta Buch.-Ham. ex D. Don

　　乔木，枝被绒毛，叶两面无腺点。花序分支。较少见。

被子植物

杨梅

Myrica rubra（Lour.）Siebold & Zucc.

乔木，枝无毛，叶背面有腺点。花序不分支。较常见。

62 胡桃科 Juglandaceae

黄杞

Engelhardia roxburghiana Wall.

半常绿乔木，全体无毛，被有橙黄色盾状着生的圆形腺体，小叶 3~5 对。生于自然林中。常见。

63 桦木科 Betulaceae

华南桦

Betula austrosinensis Chun ex P. C. Li

枝有驱风油味，叶缘具细密重锯齿。少见。

64 葫芦科 Cucurbitaceae

绞股蓝

Gynostemma pentaphyllum（Thunb.）Makino

草质藤本，小叶 5 枚，指状。生长快速，药用植物。常见。

茅瓜

Solena heterophylla Lour. [*Solena amplexicaulis* （Lam.） Gandhi]

叶片戟形，萼管钟形，果长圆形。少见。

蛇瓜

Trichosanthes anguina L.

叶较小，果实特长，长可达 2 m。生于林中。少见。

两广栝楼

Trichosanthes reticulinervis C. Y. Wu ex S. K. Chen

种子 1 室，果实被铁锈色长柔毛，叶革质，卵状心形，不分裂。生于林中。较常见。

中华栝楼

Trichosanthes rosthornii Harms

种子 1 室，小苞片长 6~25 mm，不呈兜状，边缘有不规则齿刻，叶面无白色糙点。少见。

红花栝楼

Trichosanthes rubriflos Thorel ex Cayla

　　种子 1 室，小苞片长 3~5 cm，常兜状，边缘有锐齿，叶两面被毛，面有白色糙点，花红色。少见。

钮子瓜

Zehneria bodinieri （H. Lév.）W. J. de Wilde & Duyfjes

　　叶近卵形，雄蕊单生或数朵生于总花梗上，果柄长 3~12 mm。少见。

65 秋海棠科 Begoniaceae

紫背天葵

Begonia fimbristipula Hance

　　茎极短，呈块茎状，叶 1 枚，子房 3 室，果具不等 3 翅。著名饮料植物，生于水湿处。较常见。

粗喙秋海棠

Begonia longifolia Blume [*Begonia crassirostris* Irmsch.]

　　子房 3 室，果无翅，植株 90~150 cm，叶斜长圆形。较常见。

被子植物

裂叶秋海棠
Begonia palmata D. Don

　　子房 2 室，叶 5~7 浅裂，茎生叶多数。生于水湿处。常见。

66 卫矛科 Celastraceae

过山枫
Celastrus aculeatus Merr.

　　枝具棱，叶椭圆形，叶无毛，花序腋生，花 2~3 朵，花梗上部具关节，果 3 室，种子新月形。较少见。

圆叶南蛇藤
Celastrus kusanoi Hayata

　　叶阔椭圆形，长 6~12 cm，宽 5~8 cm，叶无毛，花序腋生，花 3~7 朵，花梗中部具关节，果 3 室，种子新月形。少见。

疏花卫矛
Euonymus laxiflorus Champ. ex Benth.

　　灌木，枝四棱形，叶卵状椭圆形，子房每室 2 胚珠，果倒圆锥形，直径 9 mm，具 5 阔棱。常见。

中华卫矛

Euonymus nitidus Benth. [*Euonymus chinensis Lour.*]

灌木，小枝四棱形，叶卵形或倒卵形，雄蕊无花丝，子房每室 2 胚珠，果卵状三角形，直径 9~17 mm，顶端 4 浅裂。少见。

短柄翅子藤

Loeseneriella concinna A. C. Sm.

攀援灌木，叶对生，果扁平，椭圆形，长 3.5~6 cm，宽 1.5~3.5 cm。生于自然林中。较少见。

67 酢浆草科 Oxalidaceae

酢浆草

Oxalis corniculata L.

一年生草本，花黄色。生于村旁、路边及田野。常见。

红花酢浆草

Oxalis corymbosa DC.

多年生草本，花红色。原产南美洲，生于村旁。常见。

68 杜英科 Elaeocarpaceae

中华杜英

Elaeocarpus chinensis（Gardner & Champ.）Hook. f. ex Benth.

叶卵状披针形或披针形，长 5~8 cm，宽 2~3 cm，叶背有黑色腺点，果椭圆形，直径 5 mm。较少见。

冬桃杜英

Elaeocarpus duclouxii Gagnep.

叶长圆形，长 8~15 cm，宽 3~6 cm，背面被毛，果椭圆形，直径 2 cm。分布于鸡笼山。少见。

日本杜英

Elaeocarpus japonicus Siebold & Zucc.

叶倒卵形或披针形，长 6~12 cm，宽 3~6 cm，叶背有黑色腺点，果椭圆形，直径 8 mm，叶较中华杜英大。较常见。

绢毛杜英

Elaeocarpus nitentifolius Merr. & Chun

叶椭圆形，长 8~15 cm，宽 3.5~7.5 cm，叶背被绢毛，果椭圆形，直径 10 mm。较常见。

山杜英

Elaeocarpus sylvestris（Lour.）Poir.

　　叶狭倒卵形，长4~8 cm，宽2~4 cm，叶无毛，果椭圆形，长1~1.2 cm。较常见。

猴欢喜

Sloanea sinensis（Hance）Hemsl.

　　叶较大，长8~15 cm，宽3~7 cm，果较大，直径2.5~3 cm。分布于鸡笼山。少见。

薄果猴欢喜

Sloanea leptocarpa Diels

　　叶较小，长4~13 cm，宽2~4 cm，果小，直径1.5~2 cm。分布于鸡笼山。少见。

69 小盘木科 Pandaceae

小盘木

Microdesmis caseariifolia Planch. ex Hook. f.

　　小乔木，花小，黄色，簇生于叶腋。常见。

70 红树科 Rhizophoraceae

竹节树

Carallia brachiata（Lour.）Merr.

茎基部有板状支柱根。单叶对生，全缘，浆果球形，种子1颗，肾形。常见。

岭南山竹子

Garcinia oblongifolia Champ. ex Benth.

小乔木，叶倒卵状长圆形，花单生，果球形，直径 2.5~3.5 cm，可食。较常见。

71 藤黄科 Clusiaceae

多花山竹子

Garcinia multiflora Champ. ex Benth.

小乔木，叶倒卵形，圆锥花序，果球形，直径 2~3.5 cm。较常见。

72 红厚壳科 Calophyllaceae

薄叶红厚壳

Calophyllum membranaceum Gardner & Champ.

叶片侧脉极多而密，近平行，子房1室，种子无假种皮。常见。

被子植物

73 金丝桃科 Hypericaceae

黄牛木

Cratoxylum cochinchinense（Lour.）Blume

树皮灰黄色或灰褐色，平滑或有细条纹。枝条对生，叶基部具爪，一侧具翅，全株无毛。常见。

地耳草

Hypericum japonicum Thunb.

小草本，花柱分离，叶卵形，长小于 2 cm，基部和苞片无有腺长睫毛，花柱长 10 mm。较常见。

元宝草

Hypericum sampsonii Hance

叶基部合生为一体，茎中间穿过，果有泡状腺体。较少见。

74 金虎尾科 Malpighiaceae

风车藤

Hiptage benghalensis（L.）Kurz

木质藤本，花萼基部 1 大腺体。较少见。

75 菫菜科 Violaceae

菫菜

Viola arcuata Blume [*Viola verecunda* A. Gray]

植株具茎,无匍匐枝。较少见。

戟叶犁头草

Viola betonicifolia Sm.

植株无茎,无匍匐枝,叶全部基生,戟形,植株无毛,顶端长尖。分布于鸡笼山。少见。

蔓茎菫菜

Viola diffusa Ging.

植株无茎,有匍匐枝,全株被白色长柔毛。较少见。

长萼菫菜

Viola inconspicua Blume

植株无茎,无匍匐枝,叶全部基生。较常见。

76 杨柳科 Salicaceae

嘉赐树

Casearia glomerata Roxb.

落叶小乔木，成长叶叶面无毛，花多数，常
10~30 朵簇生，花梗被毛，叶片顶端短尖。较常见。

毛叶嘉赐树

Casearia velutina Blume

成长叶两面被长柔毛。常见。

大叶刺篱木

Flacourtia rukam Zoll. & Moritzi

有刺大乔木。分布于龙潭坑及白云寺附近。
少见。

天料木

Homalium cochinchinense Druce

落叶小乔木，花白色，花期 4—5 月。较常见。

被子植物

77 大戟科 Euphorbiaceae

铁苋菜

Acalypha australis L.

一年生草本，雌雄同序，雌花苞片 1~2 枚，长约 10 mm，有齿。常见。

红背山麻杆

Alchornea trewioides（Benth.）Müll. Arg.

3 基出脉，叶背与叶柄浅紫红色，基部 2 托叶，雄花序长 7~15 cm，苞片三角形，果皮无小瘤体。常见。

裂苞铁苋菜

Acalypha supera Forssk. [*Acalypha brachystachya* Hornem.]

一年生草本，雌雄同序，雌花单生于苞腋，苞片 3~5 枚，长约 5 mm，掌状深裂。较少见。

棒柄花

Cleidion brevipetiolatum Pax & K. Hoffm.

雌雄同株，花无瓣，子房每室 1 胚珠。少见。

毛果巴豆

Croton lachnocarpus Benth.

灌木，枝、嫩叶、花序及果密被黄色星状毛，基部杯状腺体有柄，3 基出脉，果近球形。常见。

黄桐

Endospermum chinense Benth.

乔木，叶卵形，基部有 2 腺体。较少见。

飞扬草

Euphorbia hirta L.

一年生草本，茎被长粗毛，叶菱状椭圆形，边具锯齿，花序密集呈球状，附属体小，种子具 4 棱。常见。

通奶草

Euphorbia hypericifolia L.

一年生直立或斜升草本，叶椭圆形或长圆形，边具锯齿，两侧不对称，附属体扁圆形，种子具 4 棱。较少见。

匍匐大戟

Euphorbia prostrata Aiton

　　一年生匍匐草本，茎仅上面一侧被毛，叶边具微齿，两侧不对称，附属体扁小，果仅沿脊棱被柔毛。较少见。

千根草

Euphorbia thymifolia L.

　　一年生匍匐草本，茎被毛，叶两侧不对称，花序 1 个或数个腋生，附属体扁小，果被贴生柔毛。常见。

粗毛野桐

Hancea hookeriana Seem. [*Mallotus hookerianus*（Seem.）Müll. Arg.]

　　植株被粗毛，同一对生叶的形态和大小不相同，果被星状毛和皮刺。生于自然林中。较少见。

鼎湖血桐

Macaranga denticulata（Blume）Müll. Arg.

[*Macaranga sampsonii* Hance]

　　小枝和花序被锈色绒毛，有纵棱，叶盾状着生，边全缘或波状，托叶披针形，长 7~8 mm，果有颗粒状腺体。常见。

盾叶木

Macaranga indica Wight [*Macaranga adenantha* Gagnep.]

小枝青色，被白霜，叶盾状着生，边全缘，托叶三角形，长 1.5~3 cm，子房和果有软刺。少见。

毛桐

Mallotus barbatus Müll. Arg.

灌木，叶盾状着生，背面密被黄色星状须毛和有黄色腺点，5~7 基出脉，果直径 1.3~2 cm。较常见。

白背叶

Mallotus apelta（Lour.）Müll. Arg.

灌木，枝、叶柄及花序密被淡黄色星状毛和黄色腺点，叶背白色，5 基出脉，基部近叶柄处有2 腺体。常见。

白楸

Mallotus paniculatus（Lam.）Müll. Arg.

乔木，成长叶面近无毛，5 基出脉，柄盾状着生，果直径 10~15 mm，被皮刺和绒毛。常见。

180

粗糠柴

Mallotus philippensis（Lam.）Müll. Arg.

乔木，嫩枝、叶柄和花序密被星状毛，叶背被星状毛和有红色腺点，3 基出脉，果直径 6~8 mm，被星状毛和红色腺点。较少见。

石岩枫

Mallotus repandus（Rottler）Müll. Arg.

攀援灌木，嫩枝、叶柄和花序密被单生或星状毛，叶背有黄色腺点，3 基出脉，果直径 5~10 mm，密被腺点。分布于三宝峰。少见。

山乌桕

Triadica cochinchinensis Lour. [*Sapium discolor* (Champ. ex Benth.) Müll. Arg.]

叶椭圆形，长 5~10 cm，宽 3~5 cm，基部楔形，叶柄顶端 2 腺体，花序直立，种子有蜡质，无斑纹。常见。

乌桕

Triadica sebifera（L.）Small [*Sapium sebiferum*（L.）Dum. Cours.]

叶菱形，长 3~8 cm，宽 3~9 cm，基部楔形，叶柄顶端 2 腺体，花序下垂，种子有蜡质，无斑纹。较少见。

78 叶下珠科 Phyllanthaceae

五月茶

Antidesma bunius（L.）Spreng.

叶长圆形，长 8~16 cm，宽 3~8 cm，两面无毛，托叶披针形，花序轴粗壮，长 5~12 cm，果长 8 mm。较常见。

酸味子

Antidesma japonicum Siebold & Zucc.

枝被短柔毛，叶披针形，长 4~14 cm，宽 2~4 cm。常见。

黄毛五月茶

Antidesma fordii Hemsl.

小枝、叶背及托叶密被黄色柔毛，托叶卵形。较少见。

银柴

Aporosa dioica（Roxb.）Müll. Arg.

叶椭圆形、长圆状倒卵形或长圆状披针形，背面脉上被短绒毛，子房被绒毛。较常见。

黑面神

Breynia fruticosa（L.）Müll. Arg.

单叶互生，2 列，干时常变黑色，具有叶柄和托叶。花雌雄同株，单生或数朵簇生于叶腋。常见。

土蜜树

Bridelia tomentosa Blume [*Bridelia monoica*（Lour.）Merr.]

灌木或小乔木，树干无刺，叶侧脉 8~10 对，雌花瓣无毛，核果 2 室，直径 5 mm。常见。

尖叶土蜜树

Bridelia balansae Tutcher [*Bridelia insulana* Hance]

常绿乔木。树干或老枝具退化之小枝棘刺，叶侧脉 5~7 对，雌花瓣被毛，核果 1 室。较常见。

白饭树

Flueggea virosa（Roxb. ex Willd.）Royle [*Securinega virosa*（Roxb. ex Willd.）Baill.]

小枝红褐色，叶背白色，浆果成熟时白色。较少见。

毛果算盘子

Glochidion eriocarpum Champ. ex Benth.

枝和叶两面被柔毛，叶基部钝，不偏斜，果4~5室。常见。

泡果算盘子

Glochidion lanceolarium （Roxb.） Voigt

基部楔形，非心形，枝和叶无毛，果顶端急尖。较少见。

厚叶算盘子

Glochidion hirsutum （Roxb.） Voigt

叶厚革质，枝和叶被毛，果顶端凹陷。较常见。

算盘子

Glochidion puber （L.） Hutch.

枝和叶两面被短柔毛，基部楔形，基部不偏斜，果6~8室。较少见。

里白算盘子

Glochidion triandrum（Blanco）C. B. Rob.

枝和叶两面被短柔毛，基部楔形，稍偏斜，背面粉绿色，果 3~4 室。分布于鸡笼山。少见。

余甘子

Phyllanthus emblica L.

灌木，小枝被短柔毛，叶椭圆形，长 1~2 cm，宽 2~5 mm，花 3~7 朵簇生，雄蕊 3 枚，花丝基部合生，果直径 1~2 cm。较少见。

小果叶下珠

Phyllanthus reticulatus Poir.

灌木，枝有短刺，叶椭圆形，花 2~3 朵簇生，雄蕊 5 枚，其中 3 枚花丝合生，浆果紫红色。较常见。

79 使君子科 Combretaceae

华风车子

Combretum alfredii Hance [*Combretum alfredi* Hance]

攀援灌木，果具 4~5 枚膜质翅。分布于三宝峰。少见。

被子植物

80 千屈菜科 Lythraceae

香膏萼距花

Cuphea carthagenensis（Jacq.）J. F. Macbr. [*Cuphea balsamona* Cham. & Schltdl.]

一年生草本，叶对生，花细小，单生于枝顶或分枝的叶腋上，成带叶的总状花序，花梗极短。较常见。

81 柳叶菜科 Onagraceae

水龙

Ludwigia adscendens（L.）H. Hara

水生匍匐草本，花瓣白色，能正常结果。较少见。

草龙

Ludwigia hyssopifolia（G. Don）Exell

果实圆柱形，雄蕊 8 枚，种子每室多列。较常见。

毛草龙

Ludwigia octovalvis（Jacq.）P. H. Raven

植株被毛。分布于九坑和草塘，生于水边。较常见。

82 桃金娘科 Myrtaceae

岗松

Baeckea frutescens L.

　　叶线形，长不及 10 mm，对生。生于山坡向阳处。常见。

桃金娘

Rhodomyrtus tomentosa（Aiton）Hassk.

　　叶离基 3 出脉，浆果卵状壶形。常见。

番石榴

Psidium guajava L.

　　树皮平滑，灰色，片状剥落，嫩枝有棱，被毛，花白色。原为外来果树，现逸为野生种。较常见。

肖蒲桃

Syzygium acuminatissimum（Blume）DC.

　　叶顶端尾状渐尖，果顶端无凸起的萼檐。生于自然林中。常见。

被子植物

华南蒲桃

Syzygium austrosinense（Merr. & L. M. Perry）H. T.
Chang & R. H. Miao

　　枝四棱形，叶椭圆形，花瓣离生，果球形，
直径 6~7 mm。常见。

轮叶蒲桃

Syzygium grijsii（Hance）Merr. & Perry

　　灌木。枝四棱形，叶片常 3 叶轮生。聚伞花序顶生，花瓣离生，果球形，直径 5~7 mm。较常见。

子棱蒲桃

Syzygium championii（Benth.）Merr. & L. M. Perry

　　枝四棱形，叶狭椭圆形，长 3~6 cm，宽 3 cm，聚伞花序顶生，花瓣合生呈帽状，果长椭圆形，长 12 mm。较少见。

蒲桃

Syzygium jambos（L.）Alston

　　枝圆柱形，叶片长 12~25 cm，基部楔形，花大，直径达 4 cm，萼倒圆锥状，果大，球形。生于溪边。常见。

被子植物

山蒲桃

Syzygium levinei（Merr.）Merr.

　　枝圆柱形，叶椭圆形，圆锥花序，花瓣分离，果球形，直径 7~8 mm。常见。

四角蒲桃

Syzygium tetragonum（Wight）Wall. ex Walp.

　　枝 4 棱，叶片长 12~18 cm，花无梗，花序生老枝上，果球形。分布于鸡笼山。少见。

83 野牡丹科 Melastomataceae

水翁

Syzygium nervosum DC.

　　乔木，萼片连合成帽状体。生于溪边。常见。

柏拉木

Blastus cochinchinensis Lour.

　　灌木，腋生花序，小枝无毛。生于自然林中。常见。

肥肉草

Fordiophyton faberi Stapf [*Fordiophyton fordii*
（Oliv.）Krasser]

　　茎高 0.3~1 m，具 4 纵棱，无毛，同一节上叶大小差异，叶无毛，背面密被白色腺点，常 5 出脉，有时 7 出脉，长雄蕊花药长约 14 mm。分布于鸡笼山。少见。

北酸脚杆

Medinilla septentrionalis（W. W. Sm.）H. L. Li

　　攀援灌木，花 3 或 5 朵排成聚伞花序，雄蕊 8 枚，4 长 4 短。分布于天湖附近至鸡笼山。较少见。

地稔

Melastoma dodecandrum Lour.

　　匍匐草本。常见。

野牡丹

Melastoma malabathricum L. [*Melastoma candidum*
D. Don]

　　灌木，叶卵形，7 出脉，花瓣长不到 3 cm，果直径 10 mm。常见。

毛稔

Melastoma sanguineum Sims

灌木，被特别粗大的毛，花大，花瓣长 3~5 cm，果直径 12 mm。常见。

金锦香

Osbeckia chinensis L.

草本，叶线形，长 2~5 cm，宽 3~8 mm。较常见。

谷木

Memecylon ligustrifolium Champ. ex Benth.

叶长 5.5~8 cm、宽 2.5~3.5 cm，聚伞花序，果球形，直径 1 cm。常见。

楮头红

Sarcopyramis napalensis Wall.

叶面疏被糙伏毛，聚伞花序，雄蕊同型，花药倒心形，基着药。较常见。

蜂斗草

Sonerila cantonensis Stapf

　　植株高 20~50 cm，茎无翅，茎和叶柄被粗毛，花瓣长 7 mm。常见。

84 省沽油科 Staphyleaceae

锐尖山香圆

Turpinia arguta（Lindl.）Seem.

　　单叶，长圆形至椭圆状披针形，长 7~22 cm，宽 2~6 cm。较少见。

85 橄榄科 Burseraceae

橄榄

Canarium album Leenh.

　　大乔木，干直，小叶背面有小窝而稍粗糙，果黄绿色，横切面圆形。常见。

乌榄

Canarium pimela K. D. Koenig

　　大乔木，叶光泽，浓绿，味浓，果熟时蓝黑色。野生自然林中少见，栽培植株常见。

86 漆树科 Anacardiaceae

南酸枣

Choerospondias axillaris（Roxb.）B. L. Burtt & A. W. Hill

　　落叶乔木，小叶 7~15 枚，雌雄异株，子房 5 室，核果椭圆形，顶端有 5 个眼孔。较少见。

芒果

Mangifera indica L.

　　热带果树，叶大。逸为野生，分布于三宝峰山谷中。常见。

人面子

Dracontomelon duperreanum Pierre

[*Dracontomelon sinense* Stapf]

　　大乔木，小叶 11~17 枚，花两性，子房 5 室，果可食，核果扁球形，有 5 孔。常见。

盐肤木

Rhus chinensis Mill.

　　落叶灌木或小乔木，小叶 7~13 枚，背面密被灰褐色绵毛，叶轴有翅。常见。

野漆

Toxicodendron succedaneum（L.）Kuntze

落叶灌木或小乔木，小枝和叶无毛，部分人皮肤对其过敏。常见。

漆树

Toxicodendron vernicifluum（Stokes）F. A.
Barkley

枝及叶被黄色长柔毛，小叶 9~13 枚，长 6~13 cm，宽 3~6 cm。较少见。

87 无患子科 Sapindaceae

罗浮槭

Acer fabri Hance

叶披针形或长圆状披针形，全缘，侧脉 4~7 对，叶柄长 1 cm，果翅长 2.5~3 cm。分布于鸡笼山。少见。

广东毛脉槭

Acer pubinerve Rehder

叶圆形，长 7~12 cm，宽 7~13 cm，5 裂，裂片披针形，有齿，5 基出脉，背面被柔毛，叶柄密被长硬毛，圆锥花序，果翅长 3~4 cm。少见。

披子植物

岭南槭

Acer tutcheri Duthie

叶阔卵形，长 6~7 cm，宽 8~11 cm，常 3 裂至近中部，裂片具锐锯齿，3 基出脉。较少见。

褐叶柄果木

Mischocarpus pentapetalus（Roxb.）Radlk.

小叶 2~5 对，长圆形，两面无毛，花瓣鳞片状，子房有柄，核果梨形，有明显的柄。生于自然林中。常见。

倒地铃

Cardiospermum halicacabum L.

藤本，二回三出复叶，总花梗有卷须，蒴果倒三角状陀螺形。较常见。

无患子

Sapindus saponaria L.

乔木，小叶 5~8 对，长圆状披针形，两面无毛，花瓣 5 片，核果，果皮有皂素，可代肥皂。较少见。

88 芸香科 Rutaceae

山油柑

Acronychia pedunculata（L.）Miq.

小乔木，叶常椭圆形，花两性，花瓣椭圆形，果圆球形，熟时黄色，味略甜。常见。

山小桔

Glycosmis parviflora（Sims）Little

小叶 3~5 枚，聚伞圆锥花序，花无梗，浆果扁球形，直径 1 cm。较常见。

黄皮

Clausena lansium（Lour.）Skeels

小乔木。华南著名果树，逸为野生。常见。

三桠苦

Melicope pteleifolia（Champ. ex Benth.）T. G. Hartley

小叶 3 枚，椭圆形，长 6~12 cm。常见。

乔木茵芋

Skimmia arborescens T. Anderson ex Gamble

小乔木，单叶，椭圆形，最宽处在中部以上，两面无毛，心皮合生，核果蓝黑色。分布于鸡笼山。少见。

华南吴茱萸

Tetradium austrosinense（Hand.-Mazz.）T. G. Hartley

乔木，小叶 7~11 枚，狭椭圆形，长 7~12 cm，宽 3.5~6 cm，背被灰色毡毛及细小腺点，花 5 数。少见。

楝叶吴茱萸

Tetradium glabrifolium（Champ. ex Benth.）T. G. Hartley

乔木，小叶 5~11 枚，卵形至披针形，长 6~10 cm，宽 2.5~4 cm，两面无毛，不对称，花 5 数。分布于白云寺附近。较少见。

吴茱萸

Tetradium ruticarpum（A. Juss.）T. G. Hartley

小乔木，小叶 5~11 枚，椭圆形，长 6~12 cm，宽 3~6 cm，两面有时被毛，背面较密，油点大，花 5 数。较少见。

飞龙掌血

Toddalia asiatica（L.）Lam.

攀援灌木，小叶 3 枚，刺小而密。较常见。

竹叶花椒

Zanthoxylum armatum DC.

有刺，羽状复叶，小叶 3~5（~7）枚，小叶阔椭圆形，小叶边缘有油点，花被片 1 轮。较少见。

簕欓花椒

Zanthoxylum avicennae（Lam.）DC.

羽状复叶，小叶 13~18（~25）枚，小叶斜方形或倒卵形，不对称，有刺，花被片 2 轮。常见。

大叶臭花椒

Zanthoxylum myriacanthum Wall. ex Hook. f.

小乔木，羽状复叶，小叶 11~17 枚，小叶椭圆形，多油点，无白粉，花被片 2 轮。较常见。

两面针

Zanthoxylum nitidum（Roxb.）DC.

羽状复叶，小叶 3~7 枚，小叶对生，椭圆形，顶端急尾尖，叶缘缺口处有 1 腺体，花被片 2 轮。较常见。

花椒簕

Zanthoxylum scandens Blume

攀援灌木，羽状复叶，小叶 7~23 枚，小叶卵形或椭圆形，长 3~8 cm，宽 1.5~3 cm，顶端尾状骤尖，两侧不对称，花被片 2 轮。少见。

89 楝科 Meliaceae

苦楝

Melia azedarach L.

落叶乔木，小叶有齿缺，子房 4~5 室，果直径不及 2 cm。较常见。

红椿

Toona ciliata M. Roem.

落叶或半落叶乔木。高可达 35 m，胸径达 1m，树皮灰褐色。国家 II 级重点保护野生植物。少见。

香椿

Toona sinensis（A. Juss.）M. Roem.

落叶乔木，树皮粗糙，深褐色，片状脱落，叶具长柄，偶数羽状复叶，嫩叶可作蔬菜。较少见。

磨盘草

Abutilon indicum（L.）Sweet

叶缘具粗锯齿，花梗长 4~5 cm，为叶柄的 2 倍或近等长，分果爿顶端锐尖或具短芒。较少见。

90 锦葵科 Malvaceae

黄葵

Abelmoschus moschatus Medik.

地下直根，叶掌状 3~5 深裂，花单生，黄色，小苞片 7~10 枚，果椭圆形，长 5~6 cm。较常见。

刺果藤

Byttneria grandifolia DC. [*Byttneria aspera* Colebr. ex Wall.]

木质大藤本，叶大，阔卵形，果有刺。常见。

被子植物

甜麻

Corchorus aestuans L.

子房被毛，果圆筒形，有6纵棱，其中3~4棱呈翅状凸起，3~4瓣开裂。较常见。

山芝麻

Helicteres angustifolia L.

灌木，叶狭长圆形，长3.5~5 cm，宽1.5~2.5 cm，全缘，果通直，密被星状绒毛。较常见。

黄麻

Corchorus capsularis L.

茎黄绿色或紫红色，子房无毛，果近球形，5瓣开裂。较少见。

木芙蓉

Hibiscus mutabilis L.

落叶灌木，叶掌状3~5浅裂，花朵小苞片7~10枚，初时白色，后变紫红色。较常见。

被子植物

赛葵

Malvastrum coromandelianum（L.）Garcke

亚冠木状草本，叶羽状脉，小苞片 3 枚，分果有 3 短刺。较常见。

破布叶

Microcos paniculata L.

叶卵状长圆形，基部心形，圆锥花序，萼片离生，核果无沟槽。常见。

马松子

Melochia corchorifolia L.

花两性，子房无柄，果 5 室，花柱 5 枚。较常见。

翻白叶树

Pterospermum heterophyllum Hance

叶二型，成长叶长圆形，长 7~15 cm，宽 3~10 cm，苞片全缘，果柄粗，长不及 15 mm。较常见。

窄叶半枫荷

Pterospermum lanceifolium Roxb.

叶披针形，长 5~9 cm，宽 2~3 cm，苞片 2~3 条裂，果柄细，长 3~5 cm。较常见。

心叶黄花稔

Sida cordifolia L.

叶基部钝或浅心形，羽状脉，叶顶端钝，全株被星状毛，叶心形，托叶线形，分果 8~10 个，顶端有 2 芒，果皮有网纹。较少见。

两广梭罗

Reevesia thyrsoidea Lindl.

小枝疏被星状短柔毛，叶长圆形，长 5~7 cm，宽 2.5~3 cm，无毛，两侧对称。较常见。

白背黄花稔

Sida rhombifolia L.

全株被短绒毛，小枝红色，托叶线形，分果 8~10 个，背部被星状毛，顶端有 2 芒。较常见。

假苹婆

Sterculia lanceolata Cav.

乔木，叶椭圆形或披针形，花萼分离，蓇葖果熟时红色，种子黑色。常见。

长勾刺蒴麻

Triumfetta pilosa Roth

木质草本或亚灌木，嫩枝被黄褐色长柔毛。聚伞花序腋生，蒴果有长 8~10 mm 的长刺。少见。

毛刺蒴麻

Triumfetta cana Blume

叶不裂，叶背密被星状短绒毛，3~5 基出脉，果球形，刺长 5~8 mm。较常见。

刺蒴麻

Triumfetta rhomboidea Jacq.

叶 3~5 裂，叶面被疏柔毛，背面被星状毛，果刺长 2~3 mm。较常见。

地桃花

Urena lobata L.

　　叶 3~5 浅裂，副萼裂片长三角形，果时直立。常见。

蛇婆子

Waltheria indica L.

　　匍匐状半灌木，花两性，子房无柄，果 1 室，花柱 1 枚。分布于鸡笼山。少见。

91 瑞香科 Thymelaeaceae

梵天花

Urena procumbens L.

　　叶 3~5 深裂，副萼裂片线状披针形，果时开展。较常见。

土沉香

Aquilaria sinensis（Lour.）Spreng.

　　乔木。珍稀植物，国家 II 级重点保护野生植物。较少见。

了哥王

Wikstroemia indica（L.）C. A. Mey.

灌木，子房倒卵形，无子房柄，花盘鳞片 4 枚，总花梗粗壮直立。常见。

北江荛花

Wikstroemia monnula Hance

灌木，子房棒状，子房柄长达 1.5 mm，花盘鳞片 1 枚，花萼 4 裂，雄蕊 8 枚。较常见。

细轴荛花

Wikstroemia nutans Champ. ex Benth.

灌木，子房卵形，有长的子房柄，花盘鳞片 4 枚，总花梗纤细，常弯垂。常见。

92 山柑科 Capparaceae

尖叶槌果藤

Capparis acutifolia Sweet [*Capparis membranacea* Gardner & Champ.]

叶膜质，披针形，长 7~12 cm，宽 1.8~3 cm，花 1~4 朵排成一短纵列。生于自然林中。较少见。

广州山柑

Capparis cantoniensis Lour.

　　叶长圆状披针形，长 5~8 cm，宽 2~3.5 cm，数个聚伞花序组成圆锥花序，果小，直径约 1 cm。生于自然林中。较常见。

94 十字花科 Brassicaceae

荠菜

Capsella bursa-pastoris（L.）Medik.

　　叶大头羽状裂，果倒三角形。较常见。

93 白花菜科 Cleomaceae

白花菜

Gynandropsis gynandra（L.）Briq. [*Cleome gynandra* L.]

　　小叶 3~5 枚，花白色或淡紫色，花丝长 1.5~2.3 cm。分布于草塘。少见。

碎米荠

Cardamine hirsuta L.

　　株高 10~25 cm，小叶长 4~10 mm。较常见。

被子植物

被子植物

广州蔊菜

Rorippa cantoniensis（Lour.）Ohwi

总状花序有苞片，花生于叶状苞腋部，角果圆柱形。较少见。

蔊菜

Rorippa indica（L.）Hiern

总状花序无苞片，花有花瓣，角果圆柱形。较常见。

95 蛇菰科 Balanophoraceae

红茎蛇菰

Balanophora harlandii Hook. f.

多年生寄生肉质草本，根状茎表面粗糙，密被小斑点，雌雄异株。分布于鸡笼山。少见。

96 檀香科 Santalaceae

寄生藤

Dendrotrophe varians（Blume）Miq.

攀援灌木。枝有纵纹和黑褐色皮孔，叶互生，近肉质，基部渐狭而下延，3 基出脉，花小。较常见。

扁枝槲寄生

Viscum articulatum Burm. f.

枝明显扁平，节间宽 2~3 mm，纵肋 1~3 条，果球形，长 2~3 mm。较少见。

98 桑寄生科 Loranthaceae

离瓣寄生

Helixanthera parasitica Lour.

叶卵状披针形，长 5~12 cm，宽 3~4.5 cm，花 5 数，总状花序有花 20 朵以上。较常见。

97 青皮木科 Schoepfiaceae

华南青皮木

Schoepfia chinensis Gardner & Champ.

乔木，叶长椭圆形，花 2~3 朵。较常见。

油茶离瓣寄生

Helixanthera sampsonii （Hance）Danser

叶卵形或椭圆形，长 2~4 cm，宽 1~1.5 cm，花 4 数，总状花序有花 2~5 朵，顶端渐尖。较少见。

被子植物

鞘花

Macrosolen cochinchinensis（Lour.）Tiegh.

　　叶椭圆形，叶柄长 5~10 mm，花序具花 4~8 朵，每花有 1 苞片和 2 小苞片，花 6 数。常见。

广寄生

Taxillus chinensis（DC.）Danser [*Loranthus chinensis* DC.]

　　叶对生或近对生，叶卵形或长卵形，长 3~6 cm，宽 2.5~4 cm，幼时被锈色星状毛，成长叶两面无毛。常见。

99 白花丹科 Plumbaginaceae

白花丹

Plumbago zeylanica L.

　　萼管全部被腺毛，花冠白色，花序长 8~17 cm。较常见。

100 蓼科 Polygonaceae

何首乌

Fallopia multiflora（Thunb.）Haraldson

　　藤本植物，无卷须。著名药用植物。常见。

毛蓼

Polygonum barbatum L.

穗状花序长 7~15 cm，花被 5 裂，但叶鞘顶被长粗毛。较常见。

火炭母

Polygonum chinense L.

叶两面无毛，卵形或长卵形，果包藏于白色透明或微带蓝色的宿存花被内。常见。

头花蓼

Polygonum capitatum Buch.-Ham. ex D. Don

叶被毛，叶两基部具小耳，头状花序，总花梗被腺毛。较少见。

箭叶蓼

Polygonum hastatosagittatum Makino

有刺植物，果三棱形，叶基部心形、戟形或截平，花梗长 4~6 mm，被腺毛。较少见。

水蓼

Polygonum hydropiper L.

叶被毛，节膨大，茎有明显的腺点，花序长，花疏，花瓣有腺点，种子三棱形。较常见。

酸模叶蓼

Polygonum lapathifolium L.

叶鞘膜质，无毛，花序密集。较常见。

柔茎蓼

Polygonum kawagoeanum Makino [*Polygonum tenellum* Blume var. *micranthum*（Meisn.）C. Y. Wu]

叶无毛，狭披针形，长 3~6 cm，宽 4~8 mm，瘦果卵形，双凸镜状。较少见。

长鬃蓼

Polygonum longisetum Bruijn

叶被毛，叶柄极短或无。较少见。

粗糙蓼

Polygonum muricatum Meisn.

有刺植物，叶柄和托叶鞘基部具小刺，总状花序呈穗状，极短，由数个穗状花序再组成圆锥状。较常见。

掌叶蓼

Polygonum palmatum Dunn [*Polygonum pseudopalmatum* C. Ho]

叶掌状，大，3~5 深裂。少见。

红蓼

Polygonum orientale L.

植株被毛，叶片卵形，较大，长可达 20 cm，基部圆形或微心形。较常见。

杠板归

Polygonum perfoliatum（L.）L.

有刺植物，茎具棱，托叶叶状，短总状花序。较常见。

腋花蓼

Polygonum plebeium R. Br.

叶片小，两面无毛，整体较小，托叶鞘无明显的脉，雄蕊 5 枚，果长不及 2 mm。少见。

酸模

Rumex acetosa L.

叶基部箭形，花单性，雌雄异株。较常见。

101 茅膏菜科 Droseraceae

虎杖

Reynoutria japonica Houtt. [*Polygonum cuspidatum* Siebold & Zucc.]

较高大草本，叶片大，心形，雌雄异株。较少见。

茅膏菜

Drosera peltata Thunb.

食虫草本，具球根，花白色，花期 4—6 月。生于向阳处。较少见。

被子植物

匙叶茅膏菜

Drosera spatulata Labill.

叶倒卵形或匙形，长 0.9~2.1 cm。较少见。

牛繁缕

Myosoton aquaticum（L.）Moench

叶卵状心形或卵状披针形，花 5 基数，花瓣 2 深裂。常见。

102 石竹科 Caryophyllaceae

荷莲豆

Drymaria cordata（L.）Willd. ex Schult. [*Drymaria diandra* Blume]

花柱合生，有托叶，叶卵圆形或近圆形。较常见。

多荚草

Polycarpon prostratum（Forssk.）Asch. & Schweinf. ex Asch.

一年生草本，主根长，具多数须根，茎丛生，铺散，疏生柔毛，叶假轮生。少见。

繁缕

Stellaria media（L.）Vill.

叶卵形或卵状心形，基部近心形，长 1~2.5 cm，宽 7~15 mm，花柱 3 枚。较常见。

103 苋科 Amaranthaceae

土牛膝

Achyranthes aspera L.

叶卵形，顶端急尖，小苞片上部膜质翅具缺。较常见。

牛膝

Achyranthes bidentata Blume

叶卵形，小苞片上部膜质翅无缺。较少见。

喜旱莲子草

Alternanthera philoxeroides（Mart.）Griseb.

茎直立，茎中空，能育雄蕊 5 枚，叶长圆形至倒卵形。入侵种。常见。

虾蛆菜

Alternanthera sessilis（L.）R. Br. ex DC.

　　茎匍匐，能育雄蕊 3 枚，叶长圆形至披针形。较常见。

青葙

Celosia argentea L.

　　叶互生，花中无不育雄蕊。较常见。

野苋

Amaranthus viridis L.

　　茎直立，萼片与雄蕊 3 枚。常见。

藜

Chenopodium album L.

　　叶形变化大，边缘有不规则的齿缺或深裂，近基部有 2 枚较大的裂片。较常见。

杯苋

Cyathula prostrata（L.）Blume

　　叶对生，花2至多朵簇生于苞腋内。较少见。

土荆芥

Dysphania ambrosioides（L.）Mosyakin &
Clemants [*Chenopodium ambrosioides* L.]

　　有强烈气味，叶背、子房和果实有黄色腺点。
较常见。

104 商陆科 Phytolaccaceae

商陆

Phytolacca acinosa Roxb.

　　花序粗壮，花多而密，心皮8枚，果序直立，
种子平滑。较常见。

105 粟米草科 Molluginaceae

粟米草

Mollugo stricta L. [*Mollugo pentaphylla* L.]

　　二歧聚伞花序，无毛，叶基生和茎生。较常
见。

106 土人参科 Talinaceae

土人参

Talinum paniculatum（Jacq.）Gaertn.

枝圆柱形，有肥厚肉质的根，形似人参。较少见。

107 马齿苋科 Portulacaceae

马齿苋

Portulaca oleracea L.

花黄色，叶扁平。较常见。

108 绣球科 Hydrangeaceae

常山

Dichroa febrifuga Lour.

植株无毛，圆锥式聚伞花序，花序无不孕花，花柱 5~6 枚，子房下位，果为浆果。分布于鸡笼山。少见。

中国绣球

Hydrangea chinensis Maxim.

落叶灌木，小枝和叶柄被毛，叶近无毛，伞房式 3~5 个聚伞花序，子房和果部分至一半上位。较少见。

绣球

Hydrangea macrophylla（Thunb.）Ser.

落叶灌木，叶两面无毛或背面脉上被粗毛，有总花序柄，花序大型，全部由不孕花组成。分布于鸡笼山。少见。

柳叶绣球

Hydrangea stenophylla Merr. & Chun

落叶灌木，小枝灰白色，无毛，叶狭披针形，基部楔形，两侧不对称，叶背干后浅绿色。分布于鸡笼山。少见。

星毛冠盖藤

Pileostegia tomentella Hand.-Mazz.

小枝、花序及叶背密被锈色星状毛，叶基部略呈心形。少见。

冠盖藤

Pileostegia viburnoides Hook. f. & Thomson

小枝、花序及叶无毛，或少量疏被星毛，叶基部楔形。分布于鸡笼山。少见。

109 山茱萸科 Cornaceae

八角枫

Alangium chinense（Lour.）Harms

小乔木，叶近圆形或椭圆形，长 13~19 cm，宽 3~7 cm，花长 1~1.5 cm，雄蕊 6~8 枚，药隔无毛。少见。

小花八角枫

Alangium faberi Oliv.

灌木，叶披针形、卵形或椭圆状卵形，长 7~12 cm，花瓣 5~6 枚，长 5~6 mm，花药基部被硬毛。分布于鸡笼山。少见。

110 凤仙花科 Balsaminaceae

大叶凤仙花

Impatiens apalophylla Hook. f.

花梗有苞片，叶互生，叶大，长 10~30 cm，宽 4~8 cm。较常见。

华凤仙

Impatiens chinensis L.

叶对生，叶线形、基圆形或近心形。较常见。

被子植物

丰满凤仙

Impatiens obesa Hook. f.

　　叶互生，花梗无苞片，唇瓣囊状或杯形，花紫红色，侧萼 4 片。较少见。

黄金花

Impatiens siculifer Hook. f.

　　叶互生，花梗有苞片，花多朵排成总状花序，萼片 2 枚，黄色。分布于鸡笼山。少见。

111 五列木科 Pentaphylacaceae

杨桐

Adinandra millettii（Hook. & Arn.）Benth. & Hook. f. ex Hance

　　叶长圆形，长 5~9 cm，宽 2~3 cm，叶背及边缘无毛，全缘，花梗较长，长 1.5~3 cm，子房 5 室，被毛。较少见。

亮叶杨桐

Adinandra nitida Merr. ex H. L. Li

　　全株除顶芽外无毛，叶卵状长圆形，长 7~13 cm，宽 2.5~4 cm，边缘具细齿，花梗长 1~2 cm，花萼卵形。较常见。

被子植物

茶梨

Anneslea fragrans Wall.

叶椭圆形，长 8~13 cm，宽 3~5.5 cm，顶端渐尖，基部楔形，果直径 2~3.5 cm。分布于鸡笼山。少见。

岗柃

Eurya groffii Merr.

叶披针形，背面被长毛，基部圆钝，边缘有细齿，子房及果无毛。常见。

米碎花

Eurya chinensis R. Br.

嫩枝有棱，被毛，叶倒卵形，基部楔形，边缘有锯齿。常见。

黑柃

Eurya macartneyi Champ.

叶长圆形，长 6~14 cm，宽 2~4.5 cm，基部圆钝，边缘上部有齿，叶两面无毛，子房及果无毛，花柱 3 裂，果直径约 5 mm。生于自然林中。常见。

被子植物

细齿叶柃

Eurya nitida Korth.

嫩枝有棱，全株无毛，叶长圆形或倒卵状长圆形，长 4~7 cm，宽 1.5~2.5 cm，顶端渐尖，基部楔形，边缘有锯齿。较常见。

窄基红褐柃

Eurya rubiginosa H. T. Chang var. **attenuata** H. T. Chang

基部楔形，叶柄较长，萼片无毛。分布于鸡笼山。少见。

五列木

Pentaphylax euryoides Gardner & Champ.

单叶互生，花辐射对称，花萼和花瓣 5 枚，子房 5 室，蒴果椭圆形。较少见。

厚皮香

Ternstroemia gymnanthera（Wight & Arn.）Bedd.

叶倒卵状长圆形，长 6~10 cm，宽 3~4.5 cm，子房 2 室，果球形，直径 10~15 mm。较常见。

红淡比

Ternstroemia japonica（Thunb.）Thunb. [*Cleyera japonica* Thunb.]

叶长圆形，长 6~9 cm，宽 2~3 cm，全缘，嫩枝有棱，萼片圆形，果球形。分布于鸡笼山。少见。

112 山榄科 Sapotaceae

紫荆木

Madhuca pasquieri（Dubard）H. J. Lam

乔木，有白色乳汁，叶倒卵形，雄蕊 10 枚。国家 II 级重点保护野生植物。较少见。

亮叶厚皮香

Ternstroemia nitida Merr.

叶长圆形，长 5~10 cm，宽 2.5~4 cm，子房 2 室，果卵形，直径 8~9 mm。分布于龙船坑。少见。

水石梓

Sarcosperma laurinum（Benth.）Hook. f.

叶匙形，上部最宽，叶背脉上有明显纵棱纹。生于自然林中。常见。

被子植物

113 柿科 Ebenaceae

乌材

Diospyros eriantha Champ. ex Benth.

乔木，叶长圆状披针形，叶面光亮，无毛，背面被锈色硬毛，果长圆形，直径 1 cm。常见。

罗浮柿

Diospyros morrisiana Hance

乔木，叶椭圆形，两面无毛，果球形，直径1.6~2 cm。常见。

延平柿

Diospyros tsangii Merr.

嫩枝、叶上面中脉和侧脉、叶柄被锈色茸毛，雌花单生，果成熟时黄色。分布于鸡笼山。较少见。

114 报春花科 Primulaceae

小紫金牛

Ardisia chinensis Benth. [*Ardisia cymosa* Blume]

边近全缘。分布于鸡笼山及白云寺一带。较少见。

百两金

Ardisia crispa（Thunb.）A. DC.

叶椭圆状披针形，长 7~12 cm，宽 1.5~3 cm，边全缘，有明显的边缘腺点，两面无腺点，顶端长渐尖，萼片和果有腺点。生于自然林中。较少见。

走马胎

Ardisia gigantifolia Stapf

叶大而薄，椭圆形，长 25~48 cm，宽 9~17 cm，边缘密细齿，边缘腺点较多。分布于鸡笼山。少见。

灰色紫金牛

Ardisia fordii Hemsl.

小灌木，叶椭圆状披针形，长 2.5~5.5 cm，宽 1~1.6 cm，两面无毛，背面被鳞片。较少见。

大罗伞树

Ardisia hanceana Mez

叶椭圆状披针形，长 9~12 cm，宽 2.5~4 cm，有圆齿，齿间有腺点，侧脉于边缘联结，叶背和萼片无腺点。分布于鸡笼山。少见。

被子植物

山血丹

Ardisia lindleyana D. Dietr. [*Ardisia punctata* Lindl.]

边缘腺点明显。常见。

莲座紫金牛

Ardisia primulifolia Gardner & Champ.

叶呈莲座状，萼有腺点及被毛。较少见。

虎舌红

Ardisia mamillata Hance

小灌木，枝密被红色卷曲长硬毛，叶常紫红色，两面密被糙伏毛。较常见。

罗伞树

Ardisia quinquegona Blume

枝和叶背被鳞片，叶长圆状披针形，全缘，边缘腺点不明显或无。常见。

酸藤子

Embelia laeta（L.）Mez

　　枝无毛，叶倒卵状椭圆形，长 5~8 cm，宽 2.5~3.5 cm，边全缘。常见。

白花酸藤果

Embelia ribes Burm. f.

　　枝无毛，叶倒卵状椭圆形，长 5~8 cm，宽 2.5~3.5 cm，边全缘。较常见。

当归藤

Embelia parviflora Wall. ex A. DC.

　　枝被锈色长柔毛，叶 2 列，卵形，长 1~2 cm，宽 6~10 mm，边全缘。较少见。

厚叶白花酸藤子

Embelia ribes subsp. **pachyphylla**（Chun ex C.Y. Wu & C. Chen）Pipoly & C. Chen

　　枝被毛，叶肉质，倒卵状椭圆形，长 5~8 cm，宽 2.5~3.5 cm，边全缘。较少见。

多脉酸藤子

Embelia vestita Roxb. [*Embelia oblongifolia* Hemsl.]

　　枝无毛，叶长圆状卵形，长 6~9 cm，宽 2~2.5 cm，边缘上部有锯齿，侧脉 15~20 对。较少见。

泽珍珠菜

Lysimachia candida Lindl.

　　直立草本，基生叶匙形或倒披针形，具带狭翅的长柄，茎生叶互生，有时对生，长椭圆状披针形。较常见。

延叶珍珠菜

Lysimachia decurrens G. Forst.

　　直立草本，茎钝四棱形，叶互生，椭圆形至椭圆状披针形，顶端渐尖，基部楔形，下延，两面被黑色腺点。较常见。

大叶过路黄

Lysimachia fordiana Oliv.

　　直立草本，叶阔椭圆形或椭圆形，长 10~18 cm，宽 6~12 cm，顶端短尖，两面密布黑色小腺点，花梗长 5 mm。少见。

星宿菜

Lysimachia fortunei Maxim.

直立草本，叶互生，长椭圆状披针形至椭圆形，两面有褐色腺点，花较长，花较疏生。较常见。

鲫鱼胆

Maesa perlarius（Lour.）Merr.

被毛，叶椭圆状卵形或椭圆形，小苞片无腺点。常见。

杜茎山

Maesa japonica（Thunb.）Moritzi & Zoll.

无毛，叶椭圆形或椭圆状被针形，小包片具腺点。较少见。

柳叶杜茎山

Maesa salicifolia E. Walker

枝无毛，叶狭长圆状披针形，长 10~20 cm，宽 1.5~2 cm。较常见。

软弱杜茎山

Maesa tenera Mez

高 1~2m，小枝圆柱形，无毛，叶片膜质或纸质，长 7.5~11 cm，宽 3.5~5.5 cm。较少见。

光叶铁仔

Myrsine stolonifera（Koidz.）E. Walker

叶椭圆状披针形，长 6~8 cm，宽 1.5~3 cm，上部边缘有 1~2 对齿，两面无毛，花 4 数。分布于鸡笼山。少见。

115 山茶科 Theaceae

密花树

Myrsine seguinii H. Lév. [*Rapanea neriifolia* Mez]

叶长圆状倒披针形、卵形或倒披针形，长 7~17 cm，宽 1.5~5 cm，顶端渐尖。较常见。

长尾毛蕊茶

Camellia caudata Wall.

枝被短微毛，花瓣背面被毛，子房被毛，仅 1 室发育，花丝管长 6~8 mm，叶长圆形，长 5~9 cm，宽 1~2 cm，顶端尾状渐尖。分布于鸡笼山。少见。

柃叶连蕊茶

Camellia euryoides Lindl.

幼枝被长柔毛，萼片基部合生，花丝管长 7~9 mm，叶小，似柃叶，椭圆形，长 2~4 cm，宽 7~14 mm。较常见。

柳叶毛蕊茶

Camellia salicifolia Champ. ex Benth.

萼片披针形，长 1~1.7 cm，被长毛，花瓣背面被长毛，子房被长毛，仅 1 室发育，叶披针形，长 6~10 cm，宽 1.4~2.5 cm。分布于鸡笼山、白云寺附近。较少见。

糙果茶

Camellia furfuracea（Merr.）Cohen-Stuart

苞被片未分化，花丝分离，叶椭圆形，长 8~15 cm，基部楔形，柄长 5~7 mm，叶缘有齿，花直径 3~4 cm，花瓣 7~8 片。分布于鸡笼山。较少见。

广宁油茶

Camellia semiserrata C. W. Chi

苞被片未分化，花丝合生，花直径 7~9 cm，红色，果大，直径 7~9 cm，叶椭圆形，长 9~15 cm，基部楔形，柄长 1~1.7 cm。野生少。常见为栽培植株。

茶

Camellia sinensis（L.）Kuntze

苞片 2 枚，花丝分离，萼片宿存，子房被毛，叶长圆形或椭圆形，长 4~12 cm，果三角状球形。较常见。

石笔木

Pyrenaria spectabilis（Champ. ex Benth.）C. Y. Wu & S. X. Yang

叶椭圆形，长 12~16 cm，宽 4~7 cm，背无毛，花直径 6~7 cm，子房 3~6 室，果球形，直径 4~7 cm。分布于鸡笼山。少见。

粗毛石笔木

Pyrenaria hirta（Hand.-Mazz.）H. Keng

叶背被粗毛，叶基部楔形，花直径 2.5~4.5 cm，果纺锤形，长 2~2.5 cm。分布于鸡笼山。少见。

木荷

Schima superba Gardner & Champ.

萼片半圆形，叶椭圆形，长 7~12 cm，宽 4~6.5 cm，边缘有钝锯齿，背叶无毛。常见。

116 山矾科 Symplocaceae

腺柄山矾

Symplocos adenopus Hance

芽、嫩枝及叶背被褐色柔毛，叶缘有腺点和柔毛，叶柄有腺齿。较常见。

越南山矾

Symplocos cochinchinensis（Lour.）S. Moore

幼枝、叶柄及叶背中脉被红褐绒毛，边全缘或具腺尖齿，叶背被柔毛，穗状花序，果球形。较少见。

薄叶山矾

Symplocos anomala Brand

幼枝被短绒毛，叶狭椭圆形，长 5~7 cm，宽 1.5~3 cm，全缘或具浅齿，两面无毛，总状花序，果倒卵形。分布于鸡笼山。少见。

黄牛奶树

Symplocos cochinchinensis var. **laurina**（Retz.）Noot. [*Symplocos laurina*（Retz.）Wall. ex G. Don]

枝无毛，叶卵形或倒卵状椭圆形，长 5.5~11 cm，宽 2~5 cm，边缘具细锯齿，叶两面无毛，穗状花序，果球形。较少见。

长毛山矾

Symplocos dolichotricha Merr.

　　嫩枝、叶两面及叶柄被开展长毛，叶椭圆形，长 6~13 cm，宽 2~5 cm，全缘或有疏细齿，团伞花序，果近球形。分布于鸡笼山。少见。

光叶山矾

Symplocos lancifolia Siebold & Zucc.

　　幼枝、嫩叶背面及花序被黄色柔毛，老枝黑色，无毛，边缘具浅齿，穗状花序，果近球形。较常见。

厚皮灰木

Symplocos lucida（Thunb.）Siebold & Zucc.

[*Symplocos crassifolia* Benth.]

　　除花序外无毛，枝有棱，叶卵状椭圆形，长 6.5~10 cm，宽 2.5~4 cm，边全缘或有锯齿，两面无毛，总状花序，果长卵形。分布于鸡笼山及天湖一带。少见。

白檀

Symplocos paniculata（Thunb.）Miq.

　　灌木，嫩枝、叶柄、叶背及花序被卷柔毛或近无毛，叶椭圆状卵形或倒卵形，长 4~11 cm，宽 2~4 cm，圆锥花序，核果无毛。少见。

南岭山矾

Symplocos pendula Wight var. **hirtistylis**（C. B. Clarke）Noot. [*Symplocos confusa* Brand]

花序、苞片及花萼被柔毛，叶椭圆形，长 5~12 cm，宽 2~4.5 cm，边全缘或具疏圆齿，总状花序，果球形，被毛。较少见。

微毛山矾

Symplocos wikstroemiifolia Hayata

幼枝、叶背和叶柄被微毛，叶椭圆形，长 4~12 cm，宽 1.5~4 cm，全缘或具波状浅齿，总状花序，果卵形。较常见。

117 安息香科 Styracaceae

美山矾

Symplocos sumuntia Buch. -Ham. ex D. Don [*Symplocos decora* Hance]

除花序外无毛，叶卵形或椭圆形，长 4~11 cm，宽 2.5~4 cm，边缘具浅齿，总状花序，果坛形。分布于龙船坑及鸡笼山。少见。

赤杨叶

Alniphyllum fortunei（Hemsl.）Makino

枝、叶、叶柄、花轴、花梗及花萼被褐色星状毛，叶倒卵状椭圆形，蒴果。分布于鸡笼山。少见。

赛山梅

Styrax confusus Hemsl.

嫩枝、花轴、花梗及花萼密被星状长柔毛，叶椭圆形，长 5~14 cm，宽 2~5.5 cm，边缘有细锯齿。分布于鸡笼山及天湖一带。较少见。

白花笼

Styrax faberi Perkins

灌木，嫩枝、叶柄、花轴、小苞片、花梗及花萼被星状毛，叶卵状椭圆形。较少见。

栓叶安息香

Styrax suberifolius Hook. & Arn.

叶椭圆形，边全缘，背面密被灰色或锈色星状绒毛。较少见。

越南安息香

Styrax tonkinensis（Pierre）Craib ex Hartwic

枝、叶背、花轴、花梗及花萼密被星状绒毛，叶椭圆形，长 5~18 cm，宽 4~10 cm，边近全缘或上部有疏齿。较常见。

118 猕猴桃科 Actinidiaceae

毛花猕猴桃

Actinidia eriantha Benth.

枝密被绒毛，叶卵形，长 8~17 cm，宽 4~11 cm，基部圆形或浅心形，叶面脉上被糙毛，背面被星状短绒毛，花黄色，果圆柱形。分布于鸡笼山。少见。

阔叶猕猴桃

Actinidia latifolia（Gardner & Champ.）Merr.

枝近无毛，叶阔卵形，长 8~13 cm，宽 5~8.5 cm，基部圆形或微心形，叶面无毛，花多，白色。分布于鸡笼山。少见。

华南猕猴桃

Actinidia fortunatii Finet & Gagnep. [*Actinidia glaucophylla* F. Chun]

枝和叶无毛，叶披针形，长 7~12 cm，宽 3~5 cm，顶端渐尖，基部圆或微心形，花红色，背面粉绿色，果圆柱形，有斑点，顶端无喙。分布于鸡笼山。少见。

水东哥

Saurauia tristyla DC.

小乔木，枝有鳞片状刺毛，花瓣基部合生，浆果，茎花植物。生于溪边。常见。

119 杜鹃花科 Ericaceae

广东金叶子

Craibiodendron scleranthum（Dop）Judd var.
kwangtungense（S. Y. Hu）Judd

大乔木，叶革质，中脉在叶背面凸起，叶顶端渐尖，花白色，蒴果开裂。常见。

吊钟花

Enkianthus quinqueflorus Lour.

叶倒卵形，长 6~12 cm，宽 2~4 cm，边全缘，花白色或淡红色，果直立。较常见。

齿叶吊钟花

Enkianthus serrulatus（E. H. Wilson）C. K.
Schneid.

叶椭圆形，长 4~9 cm，宽 2~3.5 cm，边全缘或有细齿，橙红色，有深色条纹，果直立。分布于鸡笼山。较少见。

滇白珠树

Gaultheria leucocarpa Blume var. **yunnanensis**
（Franch.）T. Z. Hsu & R. C. Fang [*Gaultheria
yunnanensis*（Franch.）Rehder]

花序有花 3~6 朵，不分枝。分布于鸡笼山。少见。

被子植物

南烛

Lyonia ovalifolia（Wall.）Drude

叶椭圆形，长 5~15 cm，宽 2~4.5 cm，果直径 5 mm。分布于鸡笼山。少见。

狭叶南烛

Lyonia ovalifolia var. **lanceolata**（Wall.）Hand.-Mazz.

叶长圆状披针形，长 8~12 cm，宽 2.5~3 cm，果直径 4~5 mm。分布于鸡笼山。少见。

罗浮杜鹃

Rhododendron henryi Hance

小乔本，嫩枝、嫩叶、叶柄、花梗及花萼被腺头刚毛，叶椭圆状披针形，表面光滑，果长圆柱状，果柄被毛。常见。

北江杜鹃

Rhododendron levinei Merr.

植株有鳞片状腺点，叶椭圆形，长 4.5~8 cm，有 2~4 花，白色，雄蕊 10 枚。分布于鸡笼山。少见。

岭南杜鹃

Rhododendron mariae Hance

　　幼枝、叶背、叶柄及花梗密被贴伏锈色糙伏毛，有7~16朵花，紫色或白色，雄蕊5枚。常见。

满山红

Rhododendron mariesii Hemsl. & E. H. Wilson

　　落叶灌木，幼枝、嫩叶、花梗、花萼及子房密被绢质长糙伏毛，叶阔卵形，长4~4.5 cm，宽3 cm，花淡紫红色。较常见。

毛棉杜鹃

Rhododendron moulmainense Hook. [*Rhododendron westlandii* Hemsl.]

　　小乔木，全株除花丝外无毛，叶椭圆状披针形，花白色或浅紫红色，果长圆柱状。较少见。

南华杜鹃

Rhododendron simiarum Hance

　　叶厚革质，倒卵状披针形，长4~12 cm，宽2~3.5 cm，叶背被淡棕色或淡灰色的薄层毛被，子房被星状毛，花柱基部有腺点。分布于鸡笼山。较少见。

被子植物

映山红

Rhododendron simsii Planch.

　　幼枝、叶柄、花梗、花萼、子房及果密被红褐色糙伏毛，叶椭圆形，长 3.5~7 cm，宽 1~2.5 cm，花猩红色，雄蕊 10 枚，花柱无毛。常见。

广东乌饭树

Vaccinium randaiense Hayata

　　全株无毛，叶披针状菱形，长 3~7 cm，宽 1.5~2 cm，顶端渐尖，边缘有不明显细齿。较少见。

120 茶茱萸科 Icacinaceae

鼎湖杜鹃

Rhododendron tingwuense P. C. Tam

　　幼枝、叶背、叶柄、花梗、花萼、子房及果密被深褐色糙伏毛，叶卵状长圆形，长 2.6 cm，宽 1.3 cm，花浅紫色，雄蕊 5 枚。分布于鸡笼山。少见。

小果微花藤

Iodes vitiginea（Hance）Hemsl.

　　藤本，有卷须，叶对生，全缘，花冠轮状，核果红色。较少见。

被子植物

定心藤

Mappianthus iodoides Hand.-Mazz.

木质大藤本，叶对生，全缘，果大，椭圆形，长 2~3.5 cm，宽 1~1.5 cm，肉甜味。较常见。

121 丝缨花科 Garryaceae

桃叶珊瑚

Aucuba chinensis Benth.

叶椭圆形或阔椭圆形，边缘锯齿或腺齿，雌花序长 4~5 cm，雄花序长 5~13 cm，雄花紫红色。分布于鸡笼山。少见。

狭叶桃叶珊瑚

Aucuba chinensis var. **angusta** F. T. Wang

叶线状披针形，长 7~25 cm，宽 1.5~3.5 cm。分布于鸡笼山。少见。

122 茜草科 Rubiaceae

水团花

Adina pilulifera（Lam.）Franch. ex Drake

小乔木，头状花序，托叶 2 裂，叶较大，长 4~12 cm，宽 1.5~3 cm，叶柄长 2~6 cm。常见。

被子植物

细叶水团花

Adina rubella Hance

　　小灌木，头状花序腋生与顶生，托叶 2 裂，叶长 2.5~4 cm、宽 0.8~1.2 cm，近无叶柄。较少见。

香楠

Aidia canthioides（Champ. ex Benth.）Masam.

　　叶长圆状披针形，长 4~9 cm，宽 1.5~7 cm，总花梗近无，花梗长 5~16 mm，花萼外面被毛。常见。

茜树

Aidia cochinchinensis Lour. [*Randia cochinchinensis*（Lour.）Merr.]

　　嫩枝无毛，叶椭圆形，长 5~22 cm，宽 2~8 cm，有总花梗，花梗长常不及 5 mm，花萼外面无毛，裂片三角形。较少见。

多毛茜草树

Aidia pycnantha（Drake）Tirveng. [*Randia pycnantha* Drake]

　　嫩枝密被锈色柔毛，叶长圆状椭圆形，长 10~20 cm，宽 3~8 cm。生于自然林中。较少见。

猪肚木

Canthium horridum Blume

有刺植物，小枝被毛，叶卵状椭圆形，长 2~
4 cm，宽 1~2 cm，侧脉 2~3 对，果无纵棱。生于
自然林中。较少见。

山石榴

Catunaregam spinosa（Thunb.）Tirveng.

有刺小乔木，花冠钟状，裂片旋转，果大，
球形，有纵棱，直径 2~4 cm。较少见。

风箱树

Cephalanthus tetrandrus（Roxb.）Ridsdale &
Bakh. f.

灌木，叶轮生或对生，头状花序腋生与顶生，
花白色。少见。

弯管花

Chassalia curviflora（Wall.）Thwaites

灌木，叶对生或 3 片轮生，全株被毛，花冠
管常弯曲。较少见。

被子植物

流苏子

Coptosapelta diffusa（Champ. ex Benth.）Steenis

藤本，花冠裂片呈覆瓦状排列，种子边缘有流苏状翅。较常见。

拉拉藤

Galium aparine L.

蔓生或攀援草本，叶 4~8 片轮生，茎棱上有倒生小刺毛。较少见。

狗骨柴

Diplospora dubia（Lindl.）Masam.

叶通常革质，叶和叶柄无毛，叶背网脉不明显，托叶下部合生。较常见。

栀子

Gardenia jasminoides J. Ellis

叶长圆状披针形，长 3~25 cm，宽 1.5~8 cm，花单瓣。较常见。

爱地草

Geophila repens（L.）I. M. Johnst.

　　纤细匍匐草本，叶心形，直径 1~3 cm，花单生枝顶，果球形，红色。较常见。

双花耳草

Hedyotis biflora（L.）Lam.

　　柔弱无毛草本，叶长圆形，长 1~4 cm，宽 3~10 mm，总花梗长 8~18 mm，果陀螺形。较少见。

耳草

Hedyotis auricularia L.

　　小枝被粗毛，叶披针形，长 3~8 cm，宽 1~2.5 cm，托叶呈鞘状，果不开裂。较常见。

剑叶耳草

Hedyotis caudatifolia Merr. & F. P. Metcalf

　　直立无毛草本，嫩枝方形，叶披针形，长 6~13 cm，宽 1.5~2.5 cm，尾状尖，基部楔形，果开裂。常见。

金毛耳草

Hedyotis chrysotricha（Palib.）Merr.

匍匐草本，被金色粗毛，叶阔披针形，长 2~2.8 cm，宽 1~1.2 cm，花 1~3 朵腋生，果不开裂。较少见。

白花蛇舌草

Hedyotis diffusa Willd.

披散草本，叶线形，长 1~3 cm，宽 1~3 mm，花常单生，稀有双生，无总花梗，常单花，有花梗。较常见。

伞房花耳草

Hedyotis corymbosa（L.）Lam.

披散草本，枝四棱形，叶狭披针形，长 1~2 cm，宽 1~3 mm，伞房花序。较常见。

鼎湖耳草

Hedyotis effusa Hance

直立无毛草本，叶卵状披针形，长 4~9.5 cm，宽 2~4 cm，基部圆形，近无柄，顶生二歧聚伞花序，果开裂。较常见。

牛白藤

Hedyotis hedyotidea（DC.）Merr.

草质藤本，老茎无毛，小枝幼时四棱形，老时圆形，伞形花序，花序较小。常见。

疏花耳草

Hedyotis matthewii Dunn

直立草本，除花冠外无毛，茎下部圆上部方，叶披针形，长约 7 cm，宽 1~3 cm，顶端长渐尖，基部楔形，果开裂。分布于鸡笼山。少见。

粗毛耳草

Hedyotis mellii Tutcher

直立粗壮草本，茎方形，叶卵状披针形，长 5~10 cm，宽 2~4 cm，两面被粗毛，圆锥花序，花梗和花被被黄褐色毛，果开裂。较少见。

纤花耳草

Hedyotis tenelliflora Blume [*Hedyotis angustifolia* Cham. & Schltdl.]

披散草本，全株无毛，叶线形，长 2~3 cm，宽 2~3 mm，仅中脉，无花梗，果无毛，果仅顶端开裂。较少见。

被子植物

粗叶耳草

Hedyotis verticillata（L.）Lam.

披散草本，叶披针形，长 2.5~5 cm，宽 0.6~2 cm，仅中脉、两面被角质短硬毛，触之刺手，果无毛。较少见。

斜基粗叶木

Lasianthus attenuatus Jack

叶基部偏斜，两边不对称，浅心形。分布于鸡笼山、二宝峰及白云寺附近。较少见。

龙船花

Ixora chinensis Lam. [*Ixora stricta* Roxb.]

灌木，托叶合生呈鞘状，萼裂片短于萼管，花红色或红黄色，花序顶生。常见。

粗叶木

Lasianthus chinensis（Champ. ex Benth.）Benth.

花簇生于叶腋内，无花梗，无苞片，花萼裂片三角形，叶大，干后黑色，长圆形，长 12~22 cm，宽 2.5~6 cm。较常见。

西南粗叶木

Lasianthus henryi Hutch.

枝密被贴伏绒毛，叶长圆形，长 8~15 cm，宽 2.5~5.5 cm，背面脉被毛，侧脉6~8对，花近无梗。分布于鸡笼山。少见。

日本粗叶木

Lasianthus japonicus Miq.

枝无毛或嫩时被毛，花簇生于叶腋内，无花梗，苞片小，花萼裂片5，三角形，叶长圆状披针形，长 5~12 cm，宽 2~4 cm，顶端骤尖。较少见。

栗色巴戟

Morinda badia Y. Z. Ruan

嫩枝被柔毛，叶椭圆形或长圆形，长 7~12 cm，宽 2~4 cm，侧脉 4~6 对，聚花果橙色，近球形，直径 5~8 mm。少见。

大果巴戟

Morinda cochinchinensis DC. [*Morinda trichophylla* Merr.]

枝和叶密被伸展长柔毛，果大，直径 1~2 cm。分布于草塘及半边山。较少见。

巴戟天

Morinda officinalis F. C. How

嫩枝被短粗毛，叶长圆形，长 6~13 cm，宽 3~6 cm，侧脉 5~7 对，聚花果橙色，近球形，直径 5~11 mm。较少见。

楠藤

Mussaenda erosa Champ. ex Benth.

小枝无毛，叶长圆形，长 6~12 cm，宽 3.5~5 cm，两面无毛，"花叶"阔椭圆形，长 4~6 cm。常见。

印度羊角藤

Morinda umbellata L.

嫩枝无毛，叶卵状披针形，长 6~9 cm，宽 2~3.5 cm，侧脉 4~5 对，聚花果红色，近球形，直径 7~12 mm。较常见。

广东玉叶金花

Mussaenda kwangtungensis H. L. Li

小枝被短柔毛，叶披针状椭圆形，长 7~8 cm，宽 2~3 cm，"花叶"长圆状卵形，长 3.5~5 cm，宽 1.5~2.5 cm。少见。

玉叶金花

Mussaenda pubescens W. T. Aiton

　　小枝密被短柔毛，叶卵状披针形，长 5~8 cm，宽 2.5 cm，上面近无毛，下面密被短柔毛，"花叶"阔椭圆形，长 2.5~5 cm。常见。

华腺萼木

Mycetia sinensis（Hemsl.）Craib

　　灌木，叶长圆状披针形，长 8~20 cm，宽 3~5 cm，花萼外面被毛，花冠外面无毛。分布于鸡笼山及白云寺附近。少见。

乌檀

Nauclea officinalis（Pierre ex Pit.）Merr. & Chun

　　乔木，叶较小，椭圆形，长 7~9 cm，宽 3.5~5 cm，头状花序不计花冠小于 1 cm。较常见。

薄叶新耳草

Neanotis hirsuta（L. f.）W. H. Lewis

　　叶卵形或椭圆形，长 2~4 cm，宽 1~1.5 cm，顶端短尖，基部下延至叶柄，两面被毛或近无毛。少见。

广东新耳草

Neanotis kwangtungensis（Merr. & F. P. Metcalf）W.
H. Lewis

茎无毛，叶椭圆形，长 4~6 cm，宽约 2 cm，
叶面被短柔毛。少见。

广州蛇根草

Ophiorrhiza cantoniensis Hance

较高大草本，小苞片果时宿存，叶长 12~16 cm。
较常见。

短小蛇根草

Ophiorrhiza pumila Champ. ex Benth. [*Ophiorrhiza inflata* Maxim.]

直立小草本，无小苞片。少见。

鸡矢藤

Paederia foetida L. [*Paederia scandens*（Lour.）
Merr.]

枝近无毛，叶卵形或卵状长圆形，长 5~10 cm，
宽 1~4 cm，两面近无毛，果球形。常见。

大沙叶

Pavetta arenosa Lour. [*Pavetta sinica* Miq.]

　　枝无毛，叶背被长毛，花萼被毛，花冠管长 10~14 mm。较少见。

九节

Psychotria asiatica L.

　　大灌木，叶背仅脉腋内被毛，聚伞花序顶生。常见。

香港大沙叶

Pavetta hongkongensis Bremek.

　　枝无毛，叶背近无毛或沿中脉和脉腋被短柔毛，花萼被毛，花冠管长约 15 mm。较常见。

蔓九节

Psychotria serpens L. [*Psychotria scandens* Hook. & Arn.]

　　攀援或匍匐藤状植物。常见。

被子植物

鱼骨木

Psydrax dicoccos Gaertn. [*Canthium dicoccum* （Gaertn.）Merr.]

植株无刺，近无毛，叶卵形，长 4~10 cm，宽 1.5~4 cm，侧脉 3~5 对。生于自然林中。较常见。

阔叶丰花草

Spermacoce alata Aubl.

披散草本，叶椭圆形或卵状长圆形，长 2~ 7.5 cm，宽 1~4 cm，顶端锐尖或钝。较常见。

白马骨

Serissa serissoides（DC.）Druce

叶较大，长 15~40 mm，宽 7~13 mm，花冠管 与裂片等长。逸为野生，分布于跃龙庵附近。少见。

光叶丰花草

Spermacoce remota Lam.

直立草本，无毛，叶狭长圆形，长 2.5~6 cm，宽 2.5~6 mm，花萼无毛。较少见。

白花苦灯笼

Tarenna mollissima（Hook. & Arn.）B. L. Rob.

灌木，全株密被灰褐色柔毛，叶披针形，长 4.5~25 cm，宽 1~10 cm，侧脉 8~12 对。生于自然林中。较常见。

钩藤

Uncaria rhynchophylla（Miq.）Miq. ex Havil.

叶无毛，纸质，背面有白粉，叶椭圆形，长 5~12 cm，宽 3~7 cm，花无梗，果序直径 1~1.2 cm，托叶明显 2 裂，裂片狭三角形。较少见。

毛钩藤

Uncaria hirsuta Havil.

植株被硬毛，叶卵形，长 8~12 cm，宽 5~7 cm，花无梗，果序直径 4.5~5 cm。较常见。

侯钩藤

Uncaria rhynchophylloides F. C. How

叶无毛，卵形，革质，长 6~9 cm，宽 3~4.5 cm，无花梗，果序直径 1.5~2 cm。较常见。

水锦树

Wendlandia uvariifolia Hance [*Wendlandia dunniana H. Lév.*]

灌木或乔木，小枝及叶被锈色硬毛，叶阔椭圆形，大，叶面被短硬毛，圆锥花序顶生，花白色。较常见。

福建蔓龙胆

Crawfurdia pricei（C. Marquand）Harry Sm.

藤本，叶卵形或卵状披针形，长 4~11 cm，宽 2~5 cm，花萼具 10 条凸起的脉，子房柄基部有 5 个小腺体。少见。

123 龙胆科 Gentianaceae

罗星草

Canscora andrographioides Griff. ex C. B. Clarke [*Canscora melastomacea* Hand.-Mazz.]

一年生小草本，无毛，茎四棱形，叶卵状披针形，长 1~5 cm，宽 0.5~2.5 cm，3~5 脉，雄蕊 1~2 枚发育。较常见。

香港双蝴蝶

Tripterospermum nienkui（C. Marquand）C. J. Wu

叶卵形至卵状披针形，长 3~9 cm，宽 1.5~4 cm，子房柄长不及 2 mm。分布于鸡笼山。少见。

被子植物

124 马钱科 Loganiaceae

小姬苗

Mitrasacme pygmaea R. Br.

小草本，茎圆柱形，伞形花序。较少见。

三脉马钱

Strychnos cathayensis Merr.

叶椭圆形或长圆状披针形，长 6~12 cm，宽 2~4 cm，3 基出脉，花序顶生和腋生。较少见。

125 钩吻科 Gelsemiaceae

大茶药

Gelsemium elegans（Gardner & Champ.）Benth.

藤本，花黄色，蒴果。有毒。较常见。

126 夹竹桃科 Apocynaceae

链珠藤

Alyxia sinensis Champ. ex Benth.

叶较小，近圆形。分布于鸡笼山。少见。

鳝藤

Anodendron affine（Hook. & Arn.）Druce

　　木质藤本，药隔顶端无毛，种子具喙。较常见。

白叶藤

Cryptolepis sinensis（Lour.）Merr.

　　叶小，长圆形，长 1.5~6 cm，宽 0.8~2.5 cm。较少见。

鹿角藤

Chonemorpha eriostylis Pit.

　　藤本，叶大，阔卵形或倒卵形，叶背面、嫩枝及果密被黄色绒毛，花白色。分布于鸡笼山。少见。

眼树莲

Dischidia chinensis Champ. ex Benth.

　　附生藤本，茎叶肉质，被白粉，叶卵状椭圆形，长约 1.5 cm，宽约 1 cm。常见。

天星藤

Graphistemma pictum （Champ. ex Benth.）Benth.
& Hook. f. ex Maxim.

有叶状托叶，果披针状圆柱形，直径 3~4 cm。
少见。

荷秋藤

Hoya griffithii Hook. f. [*Hoya lancilimba* Merr.]

叶披针形或长圆状披针形，两端急尖，羽状
脉。较少见。

匙羹藤

Gymnema sylvestre （Retz.）R. Br. ex Schult.

叶倒卵形或卵状长圆形，叶柄长不及 1 cm。
较常见。

蕊木

Kopsia arborea Blume [*Kopsia lancibracteolata*
Merr.]

乔木，花冠白色。少见。

尖山橙

Melodinus fusiformis Champ. ex Benth.

果椭圆形，顶端渐尖。较常见。

驼峰藤

Merrillanthus hainanensis Chun & Tsiang

花药顶端有膜片，副花冠肉质，5 裂，蓇葖果常单生，纺锤形，长 9~12 cm，直径 3.5~4 cm。生于自然林中。国家 II 级重点保护野生植物。少见。

山橙

Melodinus suaveolens（Hance）Champ. ex Benth.

果球形，顶端圆形。较常见。

石萝藦

Pentasachme caudatum Wall. ex Wight

[*Pentasachme championii* Benth.]

直立草本，副花冠生于花冠上。少见。

帘子藤

Pottsia laxiflora（Blume）Kuntze

花萼外面被毛，花冠长约 7 mm，开花时裂片向上展，子房无毛。较常见。

羊角拗

Strophanthus divaricatus（Lour.）Hook. & Arn.

除花外，植株无毛，枝条密被皮孔。较常见。

萝芙木

Rauvolfia verticillata（Lour.）Baill.

叶无毛，3~4 片轮生，花白色，核果离生，熟时黑色。分布于白云寺附近。少见。

络石

Trachelospermum jasminoides（Lindl.）Lem.

茎不生气根，叶不变异形，雄蕊着生于膨大的花冠筒中部，花蕾顶端圆钝。较常见。

七层楼

Tylophora floribunda Miq. [*Vincetoxicum floribundum*（Miq.）Franch. & Sav.]

纤弱藤本，全株无毛，叶卵状披针形，长 3~5 cm，宽 1~2.5 cm。少见。

人参娃儿藤

Tylophora kerrii Craib

藤本，除花外全株无毛，叶线状披针形，长 5.5~7.5 cm，宽 4~11 mm。较少见。

通天连

Tylophora koi Merr.

藤本，全株无毛，叶长圆形或长圆状披针形，长约 8 cm，宽约 2.5 cm。较少见。

娃儿藤

Tylophora ovata（Lindl.）Hook. ex Steud.

全株被锈柔毛，叶卵形，长 2.5~6 cm，宽 2~5.5 cm，基部浅心形，蓇葖果无毛。较少见。

杜仲藤

Urceola micrantha（Wall. ex G. Don）D. J. Middleton

　　叶背无黑色乳头状腺点，除花及花序外全株无毛，花冠近钟状，不对称，蓇葖果基部膨大。生于自然林中。较少见。

酸叶胶藤

Urceola rosea（Hook. & Arn.）D. J. Middleton

　　叶有酸味，花冠近坛状，对称，蓇葖果圆柱形，基部不膨大。分布于鸡笼山。少见。

红杜仲藤

Urceola quintaretii（Pierre）D. J. Middleton

　　叶背有黑色乳头状腺点，花冠近钟状，不对称，蓇葖果基部膨大。分布于鸡笼山。少见。

蓝树

Wrightia laevis Hook. f.

　　乔木，小枝棕褐色，具皮孔，叶无毛，花冠黄色，果线状披针形，下垂。生于自然林中。较少见。

倒吊笔

Wrightia pubescens R. Br.

乔木，枝圆柱状，小枝被黄色柔毛，叶两面被毛，花冠白色或浅黄色，心皮粘生。较少见。

127 紫草科 Boraginaceae

柔弱斑种草

Bothriospermum zeylanicum（J. Jacq.）Druce
[*Bothriospermum tenellum*（Hornem.）Fisch. & C. A. Mey.]

茎被开展的硬毛与伏毛，花为叶腋生，苞片椭圆形、长圆形或卵形，小坚果腹面具纵的环状凹陷。较常见。

长花厚壳树

Ehretia longiflora Champ. ex Benth.

叶缘有锯齿，叶面无毛，花冠裂片比管长。较常见。

大尾摇

Heliotropium strigosum Willd.

叶线状披针形，花冠白色。较常见。

128 旋花科 Convolvulaceae

白鹤藤

Argyreia acuta Lour.

花冠 5 深裂，雄蕊外伸，叶背面和花序被白色长柔毛，花冠长约 2.6 cm。少见。

打碗花

Calystegia hederacea Wall.

一年生平卧草本，苞片较小，长 0.8~1.6 cm，宿萼及苞片与果近等长或稍短，植株通常矮小铺地。较少见。

光叶丁公藤

Erycibe schmidtii Craib

枝和叶无毛，叶革质，顶端渐尖，果圆形。生于自然林中。较常见。

心萼薯

Ipomoea biflora（L.）Pers. [*Aniseia biflora*（L.）Choisy]

花较大，萼片长 2~2.2 cm，基部有流苏状齿，叶片三角状卵形，基部箭形，两面无毛。少见。

五爪金龙

Ipomoea cairica（L.）Sweet

草质藤本，全体无毛，老茎有小瘤体，叶掌状 5~7 全裂，花萼外无毛，花紫色或白色。入侵种。常见。

三裂叶薯

Ipomoea triloba L.

草质藤本，叶 3 浅裂，聚伞花序，无总苞，花萼外被毛，花冠浅红色，长约 1.5 cm。较常见。

紫心叶薯

Ipomoea obscura（L.）Ker Gawl.

草质藤本，叶不裂，聚伞花序，无总苞，花萼外被毛，花冠白色或浅黄色，长 1.5~2 cm。较少见。

篱栏网

Merremia hederacea（Burm. f.）Hallier f.

草质藤本，叶全缘，卵形，无毛，总花梗长达 7 cm，花小，花冠黄色，纵带无毛。较常见。

被子植物

盒果藤
Operculina turpethum（L.）Silva Manso
茎具棱或狭翅，果包藏于大的宿萼内。较少见。

129 茄科 Solanaceae

白花曼陀罗
Datura metel L.
茎基部稍木质化，叶卵形或广卵形，顶端渐尖，基部不对称圆形、截形或楔形，花萼筒状。较少见。

十萼茄
Lycianthes biflora（Lour.）Bitter
亚灌木，叶阔卵形或椭圆状卵形，花萼10枚。常见。

苦蘵
Physalis angulata L.
一年生草本，下部有棱，近无毛，叶卵形或卵状披针形，长3~6 cm，宽3~4 cm，花淡黄色，喉部常有紫色斑纹。较常见。

少花龙葵

Solanum americanum Mill.

草本，无刺，叶卵状椭圆形或卵状披针形，长 6~13 cm，宽 2~4 cm，伞形花序，有花 4~6 朵，果球形。常见。

水茄

Solanum torvum Sw.

灌木，有刺，被星状毛，叶卵形或椭圆形，长 6~18 cm，宽 5~14 cm，背脉和叶柄有时有刺，伞房状聚伞花序。较少见。

白英

Solanum lyratum Thunb.

草质藤本，无刺，密被柔毛，叶琴形或戟形，长 3~10 cm，宽 3~6 cm，基部 3~5 深裂，二歧聚伞花序，果球形。少见。

刺茄

Solanum virginianum L.

具刺亚灌木，叶支脉上也有长短刺。较少见。

龙珠

Tubocapsicum anomalum（Franch. & Sav.）
Makino

无毛草本，叶互生，卵形或椭圆形，长5~
18 cm，宽3~10 cm，花萼盘状，顶端截平，浆果
球形，直径8~12 mm。少见。

扭肚藤

Jasminum elongatum（Bergius）Willd.

单叶，羽状脉，小枝密被黄褐色柔毛，叶两
面被柔毛，多花。较少见。

130 木犀科 Oleaceae

白蜡树

Fraxinus chinensis Roxb.

花与叶同时开放。其他种类花叶后花开放。
较少见。

清香藤

Jasminum lanceolaria Roxb.

3出复叶，聚伞花序圆锥状，顶生小叶与侧生
小叶等大。较常见。

被子植物

厚叶素馨

Jasminum pentaneurum Hand.-Mazz.

单叶，卵形，3 基出脉，花序基部无叶状苞片。常见。

茉莉花

Jasminum sambac（L.）Aiton

单叶，卵形，羽状脉，小枝近无毛，花极香。较少见，栽培株多。

台湾女贞

Ligustrum amamianum Koidz.

灌木，叶密被腺点。较少见。

女贞

Ligustrum lucidum W. T. Aiton

乔木，叶无腺点。分布于袈裟田及鸡笼山。较少见。

小蜡

Ligustrum sinense Lour.

灌木，叶有不明显的腺点，叶长 2~7 cm，宽 1.5~3 cm，幼枝和花序轴被短柔毛。常见。

异株木犀榄

Olea tsoongii（Merr.）P. S. Green

果椭圆形，叶倒披针形，长 5~10 cm，宽 1.5~3 cm。分布于鸡笼山。少见。

光萼小蜡

Ligustrum sinense var. **myrianthum**（Diels）Hoefker

灌木，叶无腺点，叶背密被锈色毛，幼枝和花序轴密被锈色柔毛和硬毛。分布于白云寺附近。少见。

厚边木犀

Osmanthus marginatus（Champ. ex Benth.）Hemsl.

叶片边缘反卷，柱头 2 裂。分布于三宝峰。较少见。

131 苦苣苔科 Gesneriaceae

鼎湖唇柱苣苔

Chirita fordii（Hemsl.）D. Wood var. **dolichotricha**（W. T. Wang）W. T. Wang

叶上面的毛稀疏，有两类，一类较短，长 0.8~1.5 mm，另一类较长，长 4~5 mm。分布于蝴蝶谷。少见。

唇柱苣苔

Chirita sinensis Lindl.

叶基生，椭圆状卵形或近椭圆形，长 5~10 cm，宽 3.5~4.8 cm。花冠白色或带淡紫色，下唇内有 2 条黄色纵条，上唇带暗紫色。少见。

长筒漏斗苣苔

Didissandra macrosiphon（Hance）W. T. Wang

叶多集生于茎顶端，通常 4 枚。花冠橙红色，长 6~7 cm，中部之下突然变细呈细筒状，外面被疏柔毛，筒长约 4.5 cm。少见。

双片苣苔

Didymostigma obtusum（C. B. Clarke）W. T. Wang

多年生草本，叶对生，具柄，卵形，苞片披针形，能育雄蕊 2 枚，花紫色或白色，蒴果线形，长达 8 cm。少见。

大叶石上莲

Oreocharis benthamii C. B. Clarke

多年生草本，叶基生，长椭圆形，网脉不明显。常见。

石上莲

Oreocharis benthamii var. **reticulata** Dunn

多年生草本，叶基生，长椭圆形，网脉明显。少见。

鼎湖后蕊苣苔

Oreocharis dinghushanensis（W. T. Wang）Mich. Möller & A. Weber [*Opithandra dinghushanensis* W. T. Wang]

叶约 5 枚，具柄，叶片草质，狭椭圆形或椭圆状卵形，顶端急尖，基部宽楔形，两面稍密被短伏毛。分布于鸡笼山。少见。

绵毛马铃苣苔

Oreocharis nemoralis Chun var. **lanata** Y. L. Zheng & N. H. Xia

基生叶，具长柄，叶片椭圆形或卵状椭圆形，背面被绵毛。少见。

线柱苣苔

Rhynchotechum ellipticum（Wall. ex D. Dietr.）A. DC.

亚灌木，被锈色长毛，浆果球形，白色。较少见。

132 车前科 Plantaginaceae

毛麝香

Adenosma glutinosum（L.）Druce

草本，顶生花排成疏散的总状花序。常见。

球花毛麝香

Adenosma indianum（Lour.）Merr.

草本，顶生花排成密集的头状花序。较常见。

假马齿苋

Bacopa monnieri（L.）Wettst.

直立草本，叶披针形至线形，花梗短，长约 2 mm。较少见。

沼生水马齿

Callitriche palustris L.

水生草本，花柱与子房等长，苞片短于果实，果长 1~1.5 mm。较少见。

白花水八角

Gratiola japonica Miq.

直立或平卧草本，叶顶端急尖，具短尖头，小苞片线形，有退化雄蕊。少见。

中华石龙尾

Limnophila chinensis（Osbeck）Merr.

老茎被长柔毛，叶一型，3~4 片轮生，花梗被长柔毛。少见。

石龙尾

Limnophila sessiliflora Blume

老茎被短柔毛，叶二型，长不及 2 cm。较少见。

车前

Plantago asiatica L.

植株较小，高小于 30 cm，被毛，花序有短梗，梗有纵条纹。常见。

茶菱

Trapella sinensis Oliv.

多年生水生草本，根状茎横走，叶对生，表面无毛，背面淡紫红色，沉水叶三角状圆形至心形。少见。

野甘草

Scoparia dulcis L.

多年生草本，枝具棱，叶对生或轮生，花 1~5 朵，腋生，花小，白色，雄蕊 4 枚。常见。

多枝婆婆纳

Veronica javanica Blume

一年生或二年生草本，被柔毛，无根状茎，植株高 10~30 cm，茎基部多分枝，主茎直立或上升。较少见。

被子植物

水苦荬

Veronica undulata Wall.

肉质直立草本，叶无毛，无柄，长圆状线形，总状花序腋生，果球形。较少见。

133 母草科 Linderniaceae

长蒴母草

Lindernia anagallis（Burm. f.）Pennell

茎无毛，叶卵形，总状花序，花萼5深裂，果卵状长圆形。常见。

刺齿泥花草

Lindernia ciliata（Colsm.）Pennell

全株无毛，叶带状长圆形，长1~4 cm，宽0.3~1.2 cm，边缘有芒齿，总状花序顶生，花萼5深裂，果柱形。较少见。

母草

Lindernia crustacea（L.）F. Muell.

茎无毛，叶卵形，长1~2 cm，宽5~11 mm，花萼5中裂。较常见。

陌上菜

Lindernia procumbens（Krock.）Philcox

茎无毛，叶椭圆形，长 1~2.2 cm，宽 0.6~1 cm，叶两面无毛或被疏毛，花单生叶腋，花萼 5 深裂，果近球形。较少见。

刺毛母草

Lindernia setulosa（Maxim.）Tuyama ex H. Hara

嫩茎被伸展毛，直立或披散草本，叶缘具齿，面被粗伏毛，花梗长 1~2 cm。分布于望鹤亭旁。少见。

旱田草

Lindernia ruellioides（Colsm.）Pennell

全株无毛，叶椭圆形，长 1~4 cm，宽 0.6~2 cm，边缘有锐锯齿，花萼 5 深裂，果柱形。较少见。

二花蝴蝶草

Torenia biniflora T. L. Chin & D. Y. Hong

茎纤细，匍匐，叶疏被短硬毛，同一花柄上生出 2 朵花，花黄色或淡红色。较常见。

单色蝴蝶草

Torenia concolor Lindl.

叶两面光滑无毛，花冠长 2~2.5 cm。较少见。

紫斑蝴蝶草

Torenia fordii Hook. f.

直立草本，花黄色，花冠长 17 mm，花萼具 5 阔翅。较少见。

黄花蝴蝶草

Torenia flava Buch.-Ham. ex Benth.

直立草本，花黄色，花冠长 10~12 mm，花萼具 5 棱。少见。

蓝猪耳

Torenia fournieri Linden ex E. Fourn.

直立草本，花蓝色，花冠长 3~4 cm。较常见。

134 爵床科 Acanthaceae

十万错

Asystasia nemorum Nees

多年生草本，叶狭卵形或卵状披针形，边缘有浅波状圆齿，总状花序，花冠二唇形。少见。

钟花草

Codonacanthus pauciflorus（Nees）Nees

多年生草本，叶椭圆状卵形或狭披针形，花钟状，5裂，雄蕊2枚，内藏。较常见。

假杜鹃

Barleria cristata L.

多年生草本，茎稍四棱形，叶椭圆形，小苞片不变成刺状，花萼裂片具长芒刺状齿，花冠蓝紫色。较少见。

狗肝菜

Dicliptera chinensis（L.）Juss.

二年生草本，茎具6条钝棱，节膨大，聚伞花序腋生或顶生，苞片大，阔卵形或近圆形，花冠粉红色。较常见。

被子植物

华南爵床

Justicia austrosinensis H. S. Lo & D. Fang

草本，叶较大，长 5~15 cm，宽 2~5 cm，穗状花序腋生或顶生，花黄绿色，二唇形，上唇微缺，下唇 3 浅裂。较少见。

爵床

Justicia procumbens L.

草本，节间膨大，叶小，长 1.5~3.5 cm，宽 1.2~2 cm，密集的穗状花序顶生。常见。

小驳骨

Justicia gendarussa Burm. f.

亚灌木，节间膨大，叶小，长 5~10 cm，宽 5~15 mm，穗状花序顶生，苞片叶状，花冠二唇形，上唇 2 浅裂，下唇 3 浅裂。较少见。

杜根藤

Justicia quadrifaria（Nees）T. Anderson

[*Calophanoides quadrifaria*（Nees）Ridl.]

草本，叶较大，长圆形或披针形，长 3~8 cm，背面脉上被毛。较常见。

被子植物

大驳骨

Justicia ventricosa Wall. ex Hook. f.

灌木，节间膨，大叶大，革质，长 10~17 cm，穗状花序顶生，苞片呈覆瓦状排列，卵形，花冠二唇形，上唇直，下唇大，伸展，3 浅裂。少见。

红楼花

Odontonema strictum（Nees）Kuntze

植株丛生，叶稍大，对生，卵状全缘，花顶生，红色穗状花序成串，细筒状花喉部略肥大。逸为野生。较少见。

鳞花草

Lepidagathis incurva Buch.-Ham. ex D. Don

草本，茎四棱形，叶长圆形或披针形，基部楔形，不下延，密集的穗状序，果无毛。常见。

中华孩儿草

Rungia chinensis Benth.

直立多年生草本，叶椭圆状卵形，花偏向一侧，有花苞片与无花苞片同形。较少见。

被子植物

孩儿草

Rungia pectinata（L.）Nees

匍匐一年生草本，叶长椭圆状披针形，花偏向一侧，有花苞片与无花苞片异形。较少见。

黄脉爵床

Sanchezia nobilis Hook. f. [*Sanchezia oblonga* Ruiz & Pav.]

叶片矩圆形、倒卵形，边缘为波状圆齿，侧脉7~12条，常黄色，顶生穗状花序小。逸为野生。较少见。

弯花叉柱花

Staurogyne chapaensis Benoist

小草本，叶莲座状生于短茎上，长卵形或卵状长圆形，长1~5.5 cm，宽1.2~3.8 cm，叶面被长毛，背面脉上被长毛。分布于鸡笼山。少见。

大花叉柱花

Staurogyne sesamoides（Hand.-Mazz.）B. L. Burtt

草本，叶生于延长的茎长，椭圆状披针形，长3~10 cm，宽2~3.5 cm，叶面被短硬毛。较少见。

板蓝

Strobilanthes cusia（Nees）Kuntze

多年生草本，节间膨大，叶大，椭圆形，长 10~20 cm，宽 4~9 cm，穗状花序，花冠蓝色。常见。

球花马蓝

Strobilanthes dimorphotricha Hance

亚灌木，茎近"之"字形曲折，头状花序，苞片大，长 1~1.5 cm，花冠漏斗状。较少见。

曲枝假蓝

Strobilanthes dalzielii（W. W. Sm.）Benoist

多年生草本，同一节上叶不等大，茎近"之"字形曲折，穗状花序，花枝曲折，苞片线状披针形，花冠漏斗状。较少见。

大花老鸦嘴

Thunbergia grandiflora Roxb.

缠绕藤本，茎叶密被粗毛，叶厚对生，长 13~18cm，广心形至阔卵形，类似瓜叶。较常见。

135 狸藻科 Lentibulariaceae

黄花狸藻

Utricularia aurea Lour.

沉水小草本，匍匐枝极发达，花黄色，种子五角形，无环生翅。分布于草塘。较少见。

挖耳草

Utricularia bifida L.

陆生小草本，高 4~10 cm，叶线形或线状倒披针形，全缘，花茎鳞片和苞片狭椭圆形，基部着生，花黄色，果梗弯垂。较常见。

136 唇形科 Lamiaceae

金疮小草

Ajuga decumbens Thunb.

茎匍匐，叶匙形或倒卵状披针形，长达 14 cm，宽达 5 cm，花冠长 8~10 mm，淡蓝色或淡紫红色。较少见。

紫背金盘

Ajuga nipponensis Makino

茎直立，叶阔椭圆形或卵状椭圆形，长 2~4.5 cm，宽 1.5~2.1 cm，背面常紫色，花冠长 8~11 mm，淡蓝色或淡紫色。较常见。

广防风

Anisomeles indica（L.）Kuntze [*Epimeredi indicus*
（L.）Rothm.]

有特殊气味，茎四棱形，叶阔卵形，长 4~9 cm，宽 3~6.5 cm，顶端急尖，基部心形。较常见。

华紫珠

Callicarpa cathayana H. T. Chang

叶椭圆形、椭圆状卵形或卵形，长 4~8 cm，宽 1.5~3 cm，基部心形，两面无毛，有红色腺点。较少见。

白棠子树

Callicarpa dichotoma（Lour.）K. Koch

叶倒卵形或近椭圆形，长 2~6 cm，宽 1~3 cm，顶端渐尖或尾状尖，基部楔形，背面密被黄色腺点。少见。

杜虹花

Callicarpa formosana Rolfe

叶卵状椭圆形或椭圆形，长 6~15 cm，宽 3~8 cm，顶端渐尖，基部圆，背面密被黄色星状毛和黄色腺点。较常见。

枇杷叶紫珠

Callicarpa kochiana Makino

叶椭圆形或卵状椭圆形，长 12~22 cm，宽 4~8 cm，背面密被星状毛和分枝绒毛，花萼管状，檐部深 4 裂，宿萼几全包果实。少见。

尖尾枫

Callicarpa longissima（Hemsl.）Merr.

叶披针形，长 13~25 cm，宽 2~6 cm，背面无毛，有黄色小腺点。较少见。

长叶紫珠

Callicarpa longifolia Lam.

叶长椭圆形或长圆形，长 9~20 cm，宽 3~5 cm，顶端渐尖或尾状尖，基部楔形，背面密被星状毛。少见。

大叶紫珠

Callicarpa macrophylla Vahl

叶长椭圆形或长圆状披针形，长 10~23 cm，宽 5~11 cm，边缘有齿，背面密被分枝绒毛，花序梗长 2~3 厘米，子房被毛。少见。

红紫珠

Callicarpa rubella Lindl.

叶倒卵形或倒卵状椭圆形，长 10~15 cm，宽 4~8 cm，基部心形，背面密被星状毛和黄色腺点。常见。

大青

Clerodendrum cyrtophyllum Turcz.

灌木，叶椭圆形或卵状椭圆形，边全缘，稀有锯齿，顶生花序，冠白色，冠管比萼管倍长。少见。

灰毛大青

Clerodendrum canescens Wall. ex Walp.

灌木，全株密被灰色长柔毛，叶心形或阔卵形，长 6~18 cm，宽 4~15 cm，基部心形，边缘粗齿，顶生花序，冠白色变红色，冠管比萼管倍长。较少见。

白花灯笼

Clerodendrum fortunatum L.

灌木，叶长圆形，腋生花序，花萼紫红色，冠白色，萼管与冠管等长。常见。

被子植物

桢桐

Clerodendrum japonicum（Thunb.）Sweet

灌木，枝四棱形，叶圆心形或阔卵状心形，长 8~35 cm，宽 6~27 cm，基部心形，边有小齿，顶生花序，冠红色。野生少见，栽培株常见。

风轮菜

Clinopodium chinense（Benth.）Kuntze

叶卵圆形，长 2~4 cm，宽 1.3~2.6 cm，两面被毛，轮伞花序腋生，苞片大，叶状。较少见。

广东大青

Clerodendrum kwangtungense Hand.-Mazz.

灌木，叶卵形或长圆形，长 6~18 cm，宽 2~7 cm，边全缘或浅波状齿，顶生花序，冠白色，冠管比萼管倍长。少见。

瘦风轮菜

Clinopodium gracile（Benth.）Kuntze

叶卵形或披针形，长 1.2~3.4 cm，宽 1~2.4 cm，叶面近无毛，苞片针状。较常见。

海州香薷
Elsholtzia splendens Nakai ex F. Maekawa

直立草本，叶卵状三角形、卵状长圆形或卵状披针形，长 3~6 cm，宽 0.8~2.5 cm，花穗偏向一侧，苞片大，圆形，紫色。较少见。

中华锥花
Gomphostemma chinense Oliv.

叶椭圆形或卵状椭圆形，长 4~13 cm，宽 2~7 cm，叶面被星状毛，背面密被星状绒毛，花序生于茎基部。分布于三宝峰。较少见。

活血丹
Glechoma longituba（Nakai）Kuprian.

匍匐草本，叶心形或肾形，长 1.8~2.5 cm，宽 2~3 cm，顶端圆，基部心形，花淡蓝色。较少见。

山香
Hyptis suaveolens（L.）Poit.

叶卵形或阔卵形，长 1.5~11 cm，宽 1.2~9 cm，基部心形，聚伞花序 1~5 朵花。较少见。

溪黄草

Isodon serra（Maxim.）Kudô [*Rabdosia serra*（Maxim.）H. Hara]

　　叶卵圆形或卵状披针形，长 3.5~10 cm，宽 1.5~4.5 cm，顶端渐尖，基部楔形，无红色腺点，萼直立，雄蕊内藏，果萼不二唇形，种子被毛。较少见。

益母草

Leonurus japonicus Houtt. [*Leonurus artemisia*（Lour.）S. Y. Hu]

　　直立草本，茎四棱形，叶卵形，二或三回掌状分裂，裂片长圆状线形，轮伞花序 8~15 朵花，浅紫红色。较少见。

疏毛白绒草

Leucas mollissima Wall. ex Benth. var. **chinensis** Benth.

　　叶卵圆形，长 1.5~4 cm，宽 1~2.3 cm，顶端锐尖，基部阔楔形至心形，两面密被绒毛，轮伞花序直径 1.5~2 cm。少见。

绉面草

Leucas zeylanica（L.）R. Br.

　　叶长圆状披针形，长 3.5~5 cm，宽 0.5~1 cm，顶端渐尖，基部楔形，两面疏被毛，轮伞花序直径 1.5 cm。少见。

被子植物

地瓜儿苗

Lycopus lucidus Turcz. ex Benth. var. **hirtus** Regel

根状茎横走，叶披针形，长 4~8 cm，宽 1.2~2.5 cm，顶端渐尖，边缘锐锯齿，两面被刚毛状硬毛，背面有腺点，轮伞花序无梗。较少见。

冠唇花

Microtoena patchoulii（C. B. Clarke ex Hook. f.）C. Y. Wu & S. J. Hsuan [*Microtoena insuavis*（Hance）Prain ex Briq.]

叶卵圆形或阔卵形，长 6~10 cm，宽 4.5~7.5 cm，顶短尖，基阔楔形，聚伞花序二歧蝎尾状，花冠红色，盔状上唇紫色。少见。

薄荷

Mentha canadensis L. [*Mentha haplocalyx* Briq.]

叶长圆状披针形或披针形，长 3~5 cm，宽 1~3 cm，两面被毛。较少见。

小花荠苎

Mosla cavaleriei H. Lév.

叶较大，卵形或卵状披针形，长 2~5 cm，宽 1~2.5 cm，两面被具节长柔毛，背面有腺点。较少见。

石香薷

Mosla chinensis Maxim.

叶小，线形或线状披针形，长 1.3~2.8 cm，宽 2~4 mm，两面被柔毛，背面有腺点。较少见。

石荠苧

Mosla scabra（Thunb.）C. Y. Wu & H. W. Li

茎密被短柔毛，叶边缘锯齿状，花萼上唇具锐齿。较少见。

小鱼仙草

Mosla dianthera（Buch.-Ham. ex Roxb.）Maxim.

茎和枝近无毛，叶卵状披针形，长 1.2~3.5 cm，宽 0.5~1.8 cm，花萼上唇具钝齿。少见。

罗勒

Ocimum basilicum L.

草本，全株有香味，叶卵形或卵状长圆形，长 2.5~5 cm，宽 1~2.5 cm，近无毛，后对雄蕊花丝基部有齿状附属物。少见。

野生紫苏

Perilla frutescens（L.）Britton var. **purpurascens**（Hayata）H. W. Li

野生，叶常绿色，边缘粗锯齿。分布于袈裟田。较少见。

弯毛臭黄荆

Premna maclurei Merr.

灌木，嫩枝被柔毛，叶长圆形或倒卵形，长6~15 cm，宽3~7 cm，伞房状圆锥花序，萼不整齐4裂，稍二唇形。少见。

毛水珍珠菜

Pogostemon auricularius（L.）Hassk.

叶长圆形或卵状长圆形，两面被长硬毛，穗状花序披针形，长6~18 cm。较少见。

荔枝草

Salvia plebeia R. Br.

单叶，椭圆状卵形，顶端急尖，基部楔形，轮伞花序常6朵花。较常见。

半枝莲

Scutellaria barbata D. Don

叶长圆状披针形，长 1~2.5 cm，宽 0.4~1.5 cm，顶端短尖，基部截平，花蓝紫色，长 9~13 mm。较少见。

地蚕

Stachys geobombycis C. Y. Wu

叶长圆状卵圆形，顶端钝，基部浅心形，花大，花冠长约 11 mm，花萼钟状，萼齿刺尖。较常见。

韩信草

Scutellaria indica L.

叶心状卵形，基部心形，边缘密生整齐圆齿，花蓝紫色。常见。

铁轴草

Teucrium quadrifarium Buch.-Ham. ex D. Don

亚灌木状，萼中齿特大，雄蕊比花冠短，叶卵形或长圆状卵形，长 3~7.5 cm，宽 1.5~4 cm，基部心形。较少见。

被子植物

血见愁

Teucrium viscidum Blume

　　萼齿近等大，雄蕊比花冠近等长，叶卵形或卵状长圆形，基部圆形或楔形。较少见。

牡荆

Vitex negundo var. **cannabifolia**（Siebold & Zucc.）Hand.-Mazz.

　　花序梗被毛，灌木，小叶 5 枚，叶边缘有粗锯齿。较少见。

黄荆

Vitex negundo L.

　　花序梗被毛，灌木，小叶 5 枚，叶边缘常全缘，稀有齿。较少见。

山牡荆

Vitex quinata（Lour.）F. N. Williams

　　花序梗被毛，乔木，小叶 5 枚。较常见。

广东牡荆

Vitex sampsonii Hance

　　灌木，花序梗和花梗无毛，小叶5枚。较少见。

蔓荆

Vitex trifolia L.

　　花序梗被毛，蔓生灌木，小叶3枚。较少见。

137 通泉草科 Mazaceae

通泉草

Mazus pumilus（Burm. f.）Steenis

　　无匍匐的茎，茎生叶倒卵状匙形，长超过2 cm，边缘波状疏齿。较常见。

138 列当科 Orobanchaceae

野菰

Aeginetia indica L.

　　寄生茅草根部的小草本，叶完全退化。较少见。

矮胡麻草

Centranthera tranquebarica（Spreng.）Merr.

　　茎较多分枝，下部分枝平卧。少见。

独脚金

Striga asiatica（L.）Kuntze

　　寄生小草本，很少分枝，叶较小。较少见。

139 冬青科 Aquifoliaceae

阴行草

Siphonostegia chinensis Benth.

　　密被锈色短毛草本，叶片广卵形，二回羽状全裂，蒴果被包于宿存的萼内，约与萼管等长，披针状长圆形，长约 15 mm。少见。

梅叶冬青

Ilex asprella（Hook. & Arn.）Champ. ex Benth.

　　落叶灌木，有短枝，有明显皮孔，叶倒卵形，顶端急尖，边有锯齿，果黑色，球形，直径 7 mm，4 分核。常见。

凹叶冬青

Ilex championii Loes.

乔木，枝具棱，叶卵形或倒卵形，无毛，顶端圆钝或微凹，全缘，果扁球形，直径 3~4 mm，4 分核。分布于鸡笼山。少见。

越南冬青

Ilex cochinchinensis（Lour.）Loes.

常绿乔木，高可达 15m，树皮灰色或灰褐色，小枝圆柱形，红褐色，具纵褶皱，当年生幼枝具纵棱沟。较少见。

沙坝冬青

Ilex chapaensis Merr.

落叶乔木，叶卵状椭圆形，顶端渐尖，无毛，边有浅圆齿，果黑色，球形，直径 1.5~2 cm，6 或 7 分核。较常见。

密花冬青

Ilex confertiflora Merr.

小乔木，枝具棱，叶长圆形，无毛，背有腺点，边有小圆齿，果球形，直径 5 mm，4 分核。少见。

枸骨

Ilex cornuta Lindl. & Paxton

乔木，枝具棱，叶二型，长圆形，顶端具 3 硬刺齿，中央刺齿反曲，两侧有 1~2 刺齿。少见。

榕叶冬青

Ilex ficoidea Hemsl.

乔木，枝具棱，叶长圆状椭圆形，无毛，边有圆齿，果球形，直径 5~7 mm，4 分核。较少见。

显脉冬青

Ilex editicostata H. H. Hu & Tang

全株无毛，枝具棱，叶披针形，全缘，聚伞花序单生，果球形，直径 6~10 mm，4~6 分核。少见。

台湾冬青

Ilex formosana Maxim.

乔木，枝具棱，叶椭圆形，无毛，边有小齿或波状，果扁球形，直径 5 mm，4 分核。分布于鸡笼山。少见。

广东冬青

Ilex kwangtungensis Merr.

小乔木，叶干后黑色，卵状椭圆形，有小齿或近全缘，反卷，花序单生，果椭圆形，直径7~9 mm，4分核。较少见。

矮冬青

Ilex lohfauensis Merr.

灌木，被柔毛，叶长圆形，长1~2.5 cm，宽5~12 mm，顶端凹陷，边全缘，稍反卷，果球形，直径3.5 mm，4分核。分布于鸡笼山。少见。

大叶冬青

Ilex latifolia Thunb.

乔木，无毛，枝具棱，叶大，椭圆形，长8~28 cm，宽4~9 cm，边缘有疏锯齿，果球形，直径7 mm，4分核。较常见。

大果冬青

Ilex macrocarpa Oliv.

落叶乔木，有短枝，叶卵形，长4~13 cm，宽4~6 cm，顶端渐尖，无毛，边有细齿，果黑色，球形，直径1~1.4 cm，7~9分核。较少见。

被子植物

小果冬青
Ilex micrococca Maxim.

落叶乔木，叶卵形或卵状椭圆形，长 7~13 cm，宽 3~5 cm，顶端长尖，无毛，边有芒状齿，果球形，直径 3 mm，6~8 分核。少见。

铁冬青
Ilex rotunda Thunb.

乔木，枝具棱，叶椭圆形，全缘，反卷，花序单生，果椭圆形，直径 4~6 mm，5~7 分核。较常见。

毛冬青
Ilex pubescens Hook. & Arn.

灌木，枝具棱，密被硬毛，叶椭圆形，有锯齿，果扁球形，直径 4 mm，6 分核。常见。

三花冬青
Ilex triflora Blume

灌木，枝具棱，叶椭圆形，边有圆齿，雄花序 1~3 朵，果球形，直径 6~7 mm，4 分核。较常见。

被子植物

厚叶冬青

Ilex tutcheri Merr.

灌木，无毛，枝具棱，叶倒卵形或倒卵状椭圆形，长 2.5~6 cm，宽 1.3~2.5 cm，顶端圆钝或微凹，边全缘，反卷，果球形，直径 5 mm，5 或 6 分核。较少见。

绿冬青

Ilex viridis Champ. ex Benth.

灌木，枝具棱，叶倒卵形或椭圆形，边有圆齿，雄花序 1~5 朵，果球形，直径 6~7 mm，4 分核。较常见。

140 桔梗科 Campanulaceae

大花金钱豹

Campanumoea javanica Blume [*Codonopsis javanica*（Blume）Hook. f. & Thomson]

藤本，花冠大，长 2~3 cm，果直径 1.5~2 cm。较少见。

半边莲

Lobelia chinensis Lour.

小草本，高 6~15 cm，无毛，叶互生，线形或披针形，长 8~25 mm，宽 2~6 mm，花冠裂片平展于下方。较少见。

线萼山梗菜

Lobelia melliana E. Wimm.

草本，高 80~150 cm，叶互生，卵状长圆形或镰状披针形，长 5~15 cm，宽 2~4 cm，花萼裂片线形，长 12~22 mm。分布于鸡笼山。少见。

卵叶半边莲

Lobelia zeylanica L.

小草本，植株被毛，叶螺旋状排列，卵形或阔卵形，长 1.5~4 cm，宽 1~3 cm，花冠二唇形。较常见。

铜锤玉带草

Lobelia nummularia Lam.

匍匐草本，叶互生，卵形或卵圆形，长 0.8~1.6 cm，宽 0.6~1.8 cm，顶端急尖，基部心形，浆果。少见。

蓝花参

Wahlenbergia marginata（Thunb.）A. DC.

披散草本，叶互生，线形或长圆形，长 1~5 cm，宽 2~6 mm，花蓝色，蒴果倒圆锥形。较少见。

被子植物

141 花柱草科 Stylidiaceae

花柱草

Stylidium uliginosum Sw. ex Willd.

基生叶柄短，茎生叶较大，长 6~10 mm。少见。

下田菊

Adenostemma lavenia（L.）Kuntze

一年生草本，叶对生，长圆形或椭圆状披针形，长 4~12 cm，宽 2~5 cm，基部楔形，边缘具锯齿。较少见。

142 菊科 Asteraceae

金纽扣

Acmella paniculata（Wall. ex DC.）R. K. Jansen

[*Spilanthes paniculata* Wall. ex DC.]

一年生草本，茎直立或斜升，叶卵形或阔卵形，全缘或波状齿，花梗长 2.5~5 cm。较常见。

胜红蓟

Ageratum conyzoides L.

一年生草本，叶互生，有时上部对生，卵形或长卵形，基部阔楔形。常见。

被子植物

灯台兔耳风

Ainsliaea macroclinidioides Hayata [*Ainsliaea hui* Diels ex Mattf.]

　　茎上叶假轮生，阔卵形或卵状披针形，长 4~10 cm，宽 2.5~6.5 cm，顶端凸尖，基部心形，3 基出脉，组成总状花序式。分布于鸡笼山。少见。

山黄菊

Anisopappus chinensis Hook. & Arn.

　　一年生草本，叶互生，叶卵状披针形，长 3~6 cm，宽 1~2 cm，舌状花黄色，顶端 3 齿。较少见。

黄花蒿

Artemisia annua L.

　　一年生草本，有浓烈的挥发气味，叶宽卵形或三角状卵形，三至四回节齿状羽状分裂，花序直径 1.5~2.5 mm。较少见。

青蒿

Artemisia carvifolia Buch.-Ham. ex Roxb.

　　一年生草本，叶长圆状卵形，长 5~15 cm，宽 4~8 cm，二回节齿状羽状分裂，两面毛，花序直径 3.5~4 mm，但叶裂片片状非柱状。较少见。

牡蒿

Artemisia japonica Thunb.

多年生草本，有香气，叶匙形，长 2.5~3.5 cm，宽 0.5~1.5 cm，顶端 3~5 浅裂，基部楔形，两面无毛，花序直径 1.5~2.5 mm。较少见。

白苞蒿

Artemisia lactiflora Wall. ex DC.

多年生草本，叶卵形或长卵形，一至二回羽状分裂，叶嫩时被毛，后变无毛，花序直径 1.5~2.5 mm。分布于鸡笼山。少见。

野艾蒿

Artemisia lavandulifolia DC.

多年生草本，有浓烈的挥发气味，叶卵形或长圆形，长 5~8 cm，宽 4~7 cm，一至二回羽状分裂。较少见。

马兰

Aster indicus L.

中部叶倒披针形或倒卵状长圆形，2~4 对浅裂或裂齿，舌状花浅蓝色。较常见。

三褶脉紫菀

Aster trinervius Roxb. ex D. Don subsp. **ageratoides**（Turcz.）Grierson [*Aster ageratoides* Turcz.]

茎中部叶椭圆形，长 5~10 cm，宽 1~3.5 cm，基部楔形，3 层总包。分布于鸡笼山。少见。

鬼针草

Bidens pilosa L.

中部为 3 出复叶，无舌状花。常见。

金盏银盘

Bidens biternata（Lour.）Merr. & Sherff

一回羽状复叶，舌状花黄色。较少见。

柔毛艾纳香

Blumea axillaris（Lam.）DC. [*Blumea mollis*（D. Don）Merr.]

多年生草本，叶倒卵形，顶端圆钝，基部渐狭，下延，两面被绢状长柔毛，背面较密，花冠紫色。较常见。

艾纳香

Blumea balsamifera（L.）DC.

亚灌木，叶宽椭圆形，长 22~25 cm，宽 8~10 cm，基部下延成翅状，有耳状附属物。较少见。

东风草

Blumea megacephala（Randeria）C. C. Chang & Y. Q. Tseng

攀援植物，花序少数，直径 15~20 mm，排成总状式。较常见。

千头艾纳香

Blumea lanceolaria（Roxb.）Druce

直立草本，叶不分裂，叶倒披针形，长 15~30 cm，宽 5~8 cm，顶端短尖，基部渐狭，下延，叶面有泡状凸起。较少见。

六耳铃

Blumea sinuata（Lour.）Merr. [*Blumea laciniata* DC.]

多年生草本，叶倒卵状长圆形，顶端短尖，下半部琴状分裂，基部下延成翅状，花冠黄色。较常见。

天名精

Carpesium abrotanoides L.

　　头状花序腋生，基部有等长的苞叶。较少见。

野菊

Chrysanthemum indicum L.

　　叶一回羽状分裂，叶顶端及裂片顶端尖，舌状花黄色。较少见。

石胡荽

Centipeda minima（L.）A. Braun & Asch.

　　一年生匍地小草本，叶互生，倒披针形，长7~18 mm，宽 2~4 mm，花序腋生，直径约 3 mm。较常见。

线叶蓟

Cirsium lineare（Thunb.）Sch. Bip.

　　叶长椭圆形、披针形或倒披针形，长 6~12 cm，宽 2~2.5 cm，不裂。分布于鸡笼山。少见。

野茼蒿

Crassocephalum crepidioides（Benth.）S. Moore

　　一年生草本，叶肉质，卵形或长圆状椭圆形，基部楔形下延成翅状，边羽状浅裂。较常见。

黄瓜菜

Crepidiastrum denticulatum（Houtt.）Pak & Kawano

　　基生叶卵形、长圆形或披针形，长 5~10 cm，宽 2~4 cm，琴状齿裂或羽状分裂。分布于鸡笼山。少见。

鱼眼菊

Dichrocephala integrifolia（L. f.）Kuntze

[*Dichrocephala auriculata*（Thunb.）Druce]

　　一年生草本，叶互生，卵状披针形或椭圆形，大头羽状分裂，花序直径 3~5 mm。常见。

羊耳菊

Duhaldea cappa（Buch. -Ham. ex D. Don）Pruski & Anderb. [*Inula cappa*（Buch.-Ham. ex D. Don）DC.]

　　亚灌木，密被绒毛，叶互生，叶面被疣状糙毛，背面被绢质绒毛，舌状花极短小。较常见。

鳢肠

Eclipta prostrata（L.）L.

一年生草本，叶对生，长圆状披针形，长 3~10 cm，宽 0.5~2.5 cm，两面被粗糙毛。较常见。

白花地胆草

Elephantopus tomentosus L.

植株较高大，叶非莲座状，被长柔毛，花白色。常见。

地胆草

Elephantopus scaber L.

植株较小，叶基生，呈莲座状，被长硬毛，花紫红色。常见。

小一点红

Emilia prenanthoidea DC.

叶倒卵形或倒长卵状披针形，长 2~4 cm，宽 1.2~2 cm，边缘波状或具齿。较常见。

一点红

Emilia sonchifolia（L.）DC.

　　叶倒卵形、阔卵形或肾形，长 5~10 cm，宽 2.5~6.5 cm，边缘琴状分裂或不裂。常见。

香丝草

Erigeron bonariensis L.

　　下部叶倒披针形，长 3~5 cm，宽 3~10 mm，花序直径 8~10 mm，雌花无小舌片。常见。

小蓬草

Erigeron canadensis L.

　　下部叶倒披针形，长 6~10 cm，宽 10~15 mm，花序直径 3~4 mm，雌花有小舌片。较少见。

华泽兰

Eupatorium chinense L.

　　多年生草本，叶对生，不裂，无柄，卵形或阔卵形，顶端渐尖，基部圆，边缘圆齿，两面粗糙，被长短柔毛和腺点。较常见。

佩兰

Eupatorium fortunei Turcz.

多年生草本，中部叶3全裂或3深裂，上部叶3裂或不裂，披针形，两面无毛。少见。

泽兰

Eupatorium japonicum Thunb.

多年生草本，叶对生，不裂，椭圆形或长椭圆形，长6~20 cm，宽2~6 cm，顶端渐尖，边缘粗锯齿，两面粗糙，被长短柔毛和腺点。分布于鸡笼山。少见。

林泽兰

Eupatorium lindleyanum DC.

多年生草本，茎常紫红色，中部叶不裂，椭圆状披针形，长3~12 cm，宽0.5~3 cm，有时3裂，两面粗糙，被粗毛和腺点。较少见。

多茎鼠麹草

Gnaphalium polycaulon Pers.

一年生草本，多分枝，被白绵毛，叶倒披针形，长2~4 cm，宽4~8 mm，仅1脉。较常见。

泥胡菜

Hemisteptia lyrata（Bunge）Fisch. & C. A. Mey.

一年生草本，叶互生，长椭圆形或倒披针形，长4~15 cm，宽1.5~5 cm，大头羽状分裂。较少见。

翅果菊

Lactuca indica L.

叶不分裂，线形或线状披针形，长15~20 cm，宽1~3.5 cm。较常见。

六棱菊

Laggera alata（D. Don）Sch. Bip. ex Oliv.

多年生草本，茎有沟槽，叶长圆形，基部下延成翅状，花序下垂。较少见。

稻槎菜

Lapsanastrum apogonoides（Maxim.）Pak & K. Bremer [*Lapsana apogonoides* Maxim.]

一年生小草本，叶基生，呈莲座状，琴状羽状深裂，春季长在田中。较少见。

毛大丁草

Piloselloides hirsuta（Forssk.）C. Jeffrey ex Cufod.

[*Gerbera piloselloides*（L.）Cass.]

叶莲座状，倒卵形或倒卵状长圆形，长6~16 cm，宽2.5~5.5 cm，顶端钝，基部渐狭或钝。分布于鸡笼山。少见。

千里光

Senecio scandens Buch.-Ham. ex D. Don

叶长三角状或卵形，有叶柄，基部不抱茎。较常见。

鼠麹草

Pseudognaphalium affine（D. Don）Anderb.

[*Gnaphalium affine* D. Don]

一年生草本，被白绵毛，叶匙状倒披针形，长5~7 cm，宽1~1.5 cm，花序呈黄绿色。常见。

豨莶

Sigesbeckia orientalis L.

叶三角状卵形，长4~10 cm，宽1.8~6.5 cm，总花梗密被短柔毛。较常见。

一枝黄花

Solidago decurrens Lour.

多年生草本，叶互生，长椭圆形，长 2~5 cm，宽 1~1.5 cm，头状花序再排成总状花序，舌状花黄色。较少见。

裸柱菊

Soliva anthemifolia（Juss.）R. Br.

一年生小草本，茎极短，叶呈莲座状，二至三回羽状分裂，花序无总梗，几乎近地面生。较少见。

苦苣菜

Sonchus oleraceus L.

茎下部叶长圆状披针形，羽状深裂，中部叶基部扩大呈尖耳状抱茎。较少见。

苣荬菜

Sonchus wightianus DC. [*Sonchus arvensis* L.]

茎下部叶不羽裂，基部楔形。较常见。

蟛蜞菊

Sphagneticola calendulacea（L.）Pruski [*Wedelia chinensis*（Osbeck）Merr.]

　　叶对生，椭圆形，长 3~7 cm，宽 0.7~1.3 cm，托片顶端渐尖，花序直径 1.5~2 cm，总花梗长 3~10 cm，果冠毛环具细齿。较常见。

金腰箭

Synedrella nodiflora（L.）Gaertn.

　　一年生草本，叶对生，卵形或卵状披针形，舌状花少，小，黄色，果冠毛刺状。较常见。

钻形紫菀

Symphyotrichum subulatum（Michx.）G. L. Nesom [*Aster subulatus* Michx.]

　　叶线状披针形，顶端长渐尖，基部渐狭，花序小，直径约 3 mm。分布于天湖一带。较少见。

肿柄菊

Tithonia diversifolia（Hemsl.）A. Gray

　　大草本，叶互生，卵形或卵状三角形，长 7~20 cm，宽 6~18 cm，3~5 深裂，花序大，直径 5~15 cm，有舌状花，花黄色。较少见。

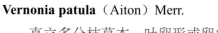

被子植物

夜香牛

Vernonia cinerea（L.）Less.

直立多分枝草本，叶卵形或卵状椭圆形，背面有腺点。常见。

咸虾花

Vernonia patula（Aiton）Merr.

直立多分枝草本，叶卵形或卵状椭圆形，长2~7 cm，宽1~5 cm，背面有腺点。常见。

毒根斑鸠菊

Vernonia cumingiana Benth.

攀援植物，叶卵状长圆形或长圆状椭圆形，长7~21 cm，宽3~8 cm，顶端尖，基部楔形。较常见。

茄叶斑鸠菊

Vernonia solanifolia Benth.

灌木或小乔木，叶卵形或卵状长圆形，基部圆形或近心形，叶面粗糙，被短硬毛，有腺点，背面密被绒毛。较常见。

披子植物

苍耳

Xanthium strumarium L. [*Xanthium sibiricum* Patrin ex Widder]

叶三角状卵形或心形，基部不偏斜。较少见。

黄鹌菜

Youngia japonica（L.）DC.

茎生叶极小，或无茎生叶。常见。

143 五福花科 Adoxaceae

异叶黄鹌菜

Youngia heterophylla（Hemsl.）Babc. & Stebbins

叶椭圆形或倒披针状长椭圆形，长达 23 cm，宽 6~7 cm，大头羽状深裂或几全裂。少见。

接骨草

Sambucus javanica Blume [*Sambucus chinensis* Lindl.]

枝无皮孔，聚伞花序排成复伞形花序状，具捧杯状不孕花。较少见。

南方荚蒾

Viburnum fordiae Hance

冬芽有鳞片，枝密被黄褐色簇生绒毛，叶阔卵形或菱状卵形，长4~7 cm，宽2~6 cm，无腺点，侧脉5~7条，核果长6~7 mm。较常见。

淡黄荚蒾

Viburnum lutescens Blume

冬芽有鳞片，枝被簇毛，叶阔椭圆形，长7~15 cm，宽3~4.5 cm，两面无毛或背面嫩时疏被毛，侧脉5~6条，核果长5~6 mm。分布于鸡笼山。少见。

蝶花荚蒾

Viburnum hanceanum Maxim.

有不孕花，侧脉5~7对，两面长方格纹不明显，花序第一级辐状枝常5条。较少见。

吕宋荚蒾

Viburnum luzonicum Rolfe

冬芽有鳞片，枝被簇柔毛，叶卵形或卵状披针形，长4~9 cm，宽2.5~6 cm，边缘有齿，上面有小腺点，侧脉5~8条，核果长5~6 mm。少见。

144 忍冬科 Caprifoliaceae

珊瑚树

Viburnum odoratissimum Ker Gawl.

圆锥花序，叶椭圆形，长 7~20 cm，宽 3.5~8 cm，背面脉腋有趾蹼状小孔，果浑圆。常见。

华南忍冬

Lonicera confusa DC.

枝、叶柄、花梗及花萼密被卷曲黄色短柔毛，叶卵状长圆形，长 3~6 cm，宽 2~4 cm，顶端短尖，基部近心形。较常见。

常绿荚蒾

Viburnum sempervirens K. Koch

冬芽有鳞片，嫩枝四棱形，叶椭圆形，长 4~12 cm，宽 2.5~5 cm，背面有灰黑色小腺点，侧脉 3~4 条，核果直径 3~4 mm。较常见。

菰腺忍冬

Lonicera hypoglauca Miq.

枝、叶柄及花梗被短柔毛和糙毛，叶卵形，长 6~9 cm，宽 2.5~3.5 cm，背被红色蘑菇状腺体。较少见。

被子植物

白花败酱

Patrinia villosa（Thunb.）Juss.

叶无腺点，花白色，果有翅状果苞。少见。

145 海桐科 Pittosporaceae

光叶海桐

Pittosporum glabratum Lindl.

叶窄长圆形，子房无毛，果长椭圆形，长 2~2.5 cm，种子长 6 mm。较常见。

狭叶海桐

Pittosporum glabratum var. **neriifolium** Rehder & E. H. Wilson

叶披针形，长 8~18 cm，宽 1~2 cm，子房无毛。少见。

146 五加科 Araliaceae

虎刺楤木

Aralia armata（Wall.）Seem.

灌木，枝、叶及花梗被刺毛，叶轴和伞梗有扁而倒钩的皮刺，无针状刺毛。较少见。

头序楤木

Aralia dasyphylla Miq.

枝、叶轴、羽轴及伞梗密被黄棕色绒毛，枝粗有皮刺，头状花序再组成圆锥花序，二回羽状。少见。

长刺楤木

Aralia spinifolia Merr.

枝、叶轴及伞梗有扁长刺，刺长 1~10 mm，及长 1~4 mm 的刺毛。较常见。

黄毛楤木

Aralia decaisneana Hance

枝、叶及伞梗密被黄棕色绒毛，枝、叶轴及伞梗有皮刺，伞形花序再组成圆锥花序，二回羽状。较常见。

树参

Dendropanax dentiger（Harms）Merr.

乔木，叶不裂至 2~5 深裂，叶背有腺点，子房 5 室，果有 5 棱，每棱有 3 纵脊。分布于鸡笼山。少见。

变叶树参

Dendropanax proteus（Champ. ex Benth.）Benth.

　　叶背无腺点，灌木或小乔木，叶不裂至 2~5 深裂。分布于鸡笼山及天湖一带。较少见。

白簕花

Eleutherococcus trifoliatus（L.）S. Y. Hu

　　小叶 3~5 枚，小叶卵形，边缘有锯齿，两面无毛或脉上被刺毛。分布于三宝峰。较少见。

红马蹄草

Hydrocotyle nepalensis Hook.

　　茎斜升，叶圆肾形，4~8 cm，头状花序数个簇生，花梗被柔毛。少见。

天胡荽

Hydrocotyle sibthorpioides Lam.

　　匍匐小草本，叶圆肾形，直径 0.5~2 cm，头状花序单生于茎节上，花梗无毛。较常见。

被子植物

肾叶天胡荽

Hydrocotyle wilfordii Maxim.

匍匐小草本,叶圆肾形,直径 3~6 cm,掌状 5~7 浅裂,伞形花序单生于茎节上,花梗无毛。少见。

星毛鹅掌柴

Schefflera minutistellata Merr. ex H. L. Li

小乔木,枝、叶背及花序被星状毛,小叶 7~15 枚,小叶椭圆形,小叶柄极等长,中央小叶柄长 3~7 cm,侧小叶柄长约 1 cm。少见。

147 伞形科 Apiaceae

鹅掌柴

Schefflera heptaphylla(L.)Frodin

乔木,小叶 6~9 枚,小叶长椭圆形。冬蜜植物。常见。

积雪草

Centella asiatica(L.)Urb.

匍匐草本,叶圆形或肾形,直径 2~4 cm,伞形花序近头状,果扁圆形。较少见。

蛇床子

Cnidium monnieri（L.）Cusson

　　叶二至三回羽状全裂，末回裂片线形，长 5~10 mm，宽 1~3 mm，果椭圆形，棱具狭翅。较常见。

刺芫荽

Eryngium foetidum L.

　　叶边缘有锐刺，花序头状。较少见。

少花水芹

Oenanthe benghalensis（Roxb.）Benth. & Hook. f.

　　一至二回羽状复叶，末回裂片菱状披针形，伞辐 4~6，总花梗长不到 3 cm。较常见。

水芹

Oenanthe javanica（Blume）DC.

　　一至二回羽状复叶，末回裂片菱状披针形，伞辐 4~6，总花梗长不到 3 cm。较常见。

参 考 文 献
References

王瑞江，2017．广东维管植物多样性编目［M］．广州：广东科技出版社．

杨永，2015．中国裸子植物的多样性和地理分布［J］．生物多样性，23（2）：243–246．

张丽兵，2017．蕨类植物 PPG I 系统与中国石松类和蕨类植物分类［J］．生物多样性，25（3）：340–342．

CHRISTENHUSZ M J M, REVEAL J L, FARJON A, et al., 2011. A new classification and linear sequence of extant gymnosperms［J］. Phytotaxa, 19: 55–70.

The Angiosperm Phylogeny Group, 2016. An update of the Angiosperm Phylogeny Group classification for the orders and families of flowering plants：APG IV［J］. Botanical Journal of the Linnean Society, 181: 1–20.

The Pteridophyte Phylogeny Group, 2016. A community-derived classification for extant lycophytes and ferns［J］. Journal of Systematics and Evolution, 54（6）: 563–603.

中文名索引
Chinese Name Index

中文名索引

中文名索引

中文名索引

拉丁学名索引
Scientific Name Index

拉丁学名索引

拉丁学名索引

拉丁学名索引

拉丁学名索引

M

拉丁学名索引

拉丁学名索引